Louis Figuier

Les Puits artésiens

Les Merveilles de la science

ISBN : 978-1533576972

10 9 8 7 6 5 4 3 2 1

Louis Figuier

Les Puits artésiens

Les Merveilles de la science

Table de Matières

CHAPITRE PREMIER   6

CHAPITRE II   14

CHAPITRE III   37

CHAPITRE IV   59

CHAPITRE V   68

CHAPITRE VI   76

CHAPITRE VII   88

CHAPITRE VIII   91

CHAPITRE IX   108

CHAPITRE X   124

CHAPITRE XI   126

CHAPITRE XII   131

CHAPITRE XIII   144

CHAPITRE XIV   150

CHAPITRE XV   155

CHAPITRE PREMIER

LES PUITS FORÉS CHEZ LES ANCIENS ORIENTAUX ET CHEZ LES
CHINOIS. — APPARITION EN EUROPE DES PUITS JAILLISSANTS.

L'origine des puits artésiens n'est pas aussi récente que pourrait le faire supposer leur nom, tiré de la province d'*Artois*. En France, c'est en effet dans la province d'Artois qu'ont été creusées les premières fontaines jaillissantes, et de là le nom qui a prévalu. Mais bien des siècles avant que la province d'Artois fût constituée, les peuples de l'Orient connaissaient l'art d'aller chercher dans les profondeurs de la terre l'eau des nappes invisibles, et de la faire monter à la surface du sol, où on l'employait pour tous les usages domestiques et pour les besoins de l'agriculture.

Les oasis qui parsèment les déserts de la Syrie, de l'Arabie et de l'Egypte, ne doivent leur fertilité qu'à des sources d'eaux jaillissantes pratiquées par la main de l'homme. Or, quelques-unes de ces oasis étaient déjà célèbres dans les premiers temps de l'ère chrétienne, ce qui fait remonter à une époque assez reculée l'origine des puits forés.

Certains passages d'anciens auteurs lèvent tous les doutes à cet égard.

Diodore, évêque de Tarse, qui vivait au IVe siècle, s'exprime ainsi au sujet de la grande oasis, connue sous le nom de *Thébaïde*, qui servait de retraite aux anachorètes de ce temps :

« Pourquoi la région intérieure de la Thébaïde, qu'on nomme *Oasis*, n'a-t-elle ni rivière ni pluie qui l'arrosent, mais n'est-elle vivifiée que par le courant de fontaines qui sortent de terre, non d'elles-mêmes, non par des eaux pluviales qui pénètrent dans la terre et qui en remontent par ses veines, comme chez nous, mais grâce à un grand travail des habitants ? »

Un autre auteur, un peu moins ancien, cité par Photius et Niebuhr, corrobore la relation de l'évêque de Tarse. Olympiodore, qui florissait dans la savante école d'Alexandrie, vers le milieu du VIe siècle après J.-C, rapporte qu'on creuse dans cette même oasis des puits de 200, 300 et même 500 coudées de profondeur, et que l'eau qui en sort est utilisée par les habitants pour l'irrigation de leurs terres. Diodore ajoute même que ces puits rejettent

Louis Figuier

quelquefois des poissons.

Il existe encore aujourd'hui, dans les déserts de la Syrie et de l'Arabie, des fontaines artificielles qui datent de plusieurs milliers d'années. Leur ancienneté est attestée par leur nom, qui est emprunté au langage biblique. Il faut citer, dans cette catégorie, les fontaines d'*Ismaël*, de *Bethsabée*, de l'*Abondance*, du *Jurement*, de l'*Injustice*.

La mosquée de la Mecque renferme le puits de *Zemzem*, dont les eaux sont en grande vénération parmi les musulmans. Suivant la tradition, cette source jaillissante serait due à la puissante intervention de l'ange Gabriel, qui aurait ainsi apaisé la soif d'Agar et d'Ismaël errants dans le désert. Comblé et ignoré durant une longue suite de siècles, ce puits célèbre fut remis au jour par le grand-père de Mahomet, et c'est probablement à cette circonstance qu'il faut attribuer l'auréole de sainteté dont il est entouré.

Un de nos compatriotes, M. Ayme, directeur général des établissements métallurgiques du pacha d'Egypte, entreprit, vers 1850, de remettre en état les puits jaillissants qui avaient été construits dans les temps bibliques, et qui sont aujourd'hui obstrués par les sables. Nous empruntons à l'excellent ouvrage de MM. Degousée et Ch. Laurent, *le Guide du sondeur*, un fragment intéressant d'une lettre écrite à l'auteur de cet ouvrage, par M. Ayme :

« Les deux oasis de Thèbes et de Gharb sont, on peut s'exprimer ainsi, criblées de puits artésiens ; j'en ai nettoyé plusieurs : j'ai bien réussi, mais les dépenses sont grandes, par suite des quantités de bois dont il faut garnir toutes les ouvertures d'en haut, qui sont d'un carré de 6 à 10 pieds, pour éviter les éboulements. Ces ouvertures ont de 60 à 75 pieds de profondeur ; à ladite profondeur, on rencontre une roche calcaire sous laquelle se trouve une masse d'eau ou courant qui serait capable d'inonder les oasis, si les anciens Égyptiens n'avaient établi des soupapes de sûreté en pierre dure, de la forme d'une poire, armée d'un anneau en fer, pour avoir la facilité de la faire entrer et de la retirer au besoin de l'*algue* de la fontaine. L'*algue*, ainsi appelée par les Arabes, est le trou pratiqué dans le rocher calcaire, qui, suivant la quantité d'eau que l'on veut rendre ascendante, a de 4, 5 et jusqu'à 8 pouces de diamètre. »

CHAPITRE PREMIER

M. Ayme a constaté que les anciens Orientaux s'y prenaient de la manière suivante, pour faire jaillir la nappe souterraine à la surface du sol.

Ils creusaient un puits carré, descendant jusqu'à une roche calcaire qui recouvre la masse d'eau souterraine ; puis ils le garnissaient d'un solide revêtement en planches, destiné à maintenir les terres. Ce travail, exécuté à sec, se faisait assez facilement. On procédait ensuite à la perforation de la roche, soit au moyen de tiges de fer, soit à l'aide d'un gros bloc de même métal, attaché à une corde glissant sur une poulie. Cette dernière partie du conduit mesurait ordinairement de 300 à 400 pieds. On atteignait ainsi la nappe souterraine, qui, dans les cas dont il s'agit, se trouve être un véritable cours d'eau ; car on y rencontre du sable semblable à celui du Nil, et l'un des puits nettoyés par M. Ayme lui a fourni du poisson parfaitement mangeable.

L'écueil du système que nous venons de décrire, c'est que le revêtement intérieur du puits exécuté en bois, ne tardait pas à se pourrir, et que les terres latérales, faisant irruption, empêchaient bientôt l'arrivée de l'eau. C'est ainsi que se sont comblées la plupart des anciennes fontaines du désert africain. C'est de la même manière que se tarissent celles qui sont creusées par les Arabes, dans le Sahara algérien, à l'aide de procédés analogues, et sur lesquels nous appellerons l'attention du lecteur, dans l'un des chapitres qui termineront cette Notice.

M. Ayme a complètement transformé la partie de l'Egypte soumise à son administration. Les puits jaillissants qu'il a créés ou ressuscités, — c'est le mot vrai, — sont devenus autant de centres de population, dans lesquels le nom français jouit d'un haut prestige.

On dit communément que les puits artésiens étaient connus en Chine de temps immémorial, et que, sous ce rapport, comme sous bien d'autres, les habitants du Céleste Empire nous ont considérablement devancés. Cette assertion mérite d'être examinée avec soin.

C'est dans un *Voyage pittoresque*, publié à Amsterdam, vers les dernières années du XVIIe siècle, qu'on trouve la première mention des procédés de forage employés par les Chinois. On lit dans cet ouvrage :

Louis Figuier

« Les Chinois pratiquent des trous dans la terre, à de très-grandes profondeurs, à l'aide d'une corde armée d'une main de fer, laquelle rapporte au jour les détritus du fond. »

Les *Lettres édifiantes* renferment une lettre de l'évêque de Tabrasca, missionnaire en Chine, dans laquelle on remarque ce passage, qui s'applique aux puits forés de Ou-Tong-Kiao :

« Ces puits sont percés à plusieurs centaines de pieds de profondeur, très-étroits et polis comme une glace ; mais je ne vous dirai pas par quel art ils ont été creusés ; ils servent pour l'exploitation des eaux salés. »

Cette lettre, datée du 11 octobre 1704, ne donne aucun renseignement sur l'époque à laquelle on a commencé à creuser les puits chinois ; elle ne résout donc en aucune façon la question d'ancienneté.

Une relation beaucoup plus détaillée de la méthode chinoise, fut donnée en 1827, par un autre missionnaire, l'abbé Imbert. Voici cette description :

« Il y a quelques dizaines de mille de ces puits salants dans un espace d'environ 10 lieues de long sur 4 ou 5 de large. Chaque, particulier un peu riche se cherche quelque associé et creuse un ou plusieurs puits. C'est une dépense de 7 à 8 000 francs. Leur manière de creuser ces puits n'est pas la nôtre. Ce peuple vient à bout de ses desseins avec le temps et la patience, et avec bien moins de dépense que nous. Il n'a pas l'art d'ouvrir les rochers par la mine, et tous les puits sont dans le rocher. Ces puits ont ordinairement de 1 500 à 1 800 pieds de profondeur, et n'ont que 5 ou au plus 6 pouces de largeur. Voici leur procédé : on plante en terre un tube de bois creux, surmonté d'une pierre de taille qui a l'orifice désiré de 5 ou 6 pouces ; ensuite on fait jouer dans ce tube un mouton ou tête d'acier, pesant de 300 à 400 livres. Cette tête d'acier est crénelée en couronne, un peu concave par-dessus et ronde par-dessous. Un homme fort, habillé à la légère, monte sur un échafaudage, et danse toute la matinée sur une bascule qui soulève cet éperon à 2 pieds de haut, et le laisse tomber de son poids ; on jette de temps en temps quelques seaux d'eau dans le trou pour pétrir les matières du rocher et les réduire en bouillie. L'éperon ou tête d'acier est suspendu par une bonne corde de rotin, petite comme le doigt,

CHAPITRE PREMIER

mais forte comme nos cordes de boyau. Cette corde est fixée à la bascule ; on y attache un bois en triangle, et un autre homme est assis à côté de la corde. À mesure que la bascule s'élève, il prend le triangle et lui fait faire un demi-tour, afin que l'éperon tombe dans un sens contraire. À midi, il monte sur l'échafaudage, pour relever son camarade jusqu'au soir. La nuit, deux autres hommes les remplacent. Quand ils ont creusé 3 pouces, on tire cet éperon avec toutes les matières dont il est surchargé (car je vous ai dit qu'il était concave par-dessus), par le moyen d'un grand cylindre qui sert à rouler la corde. De cette façon, ces petits puits ou tubes sont très-perpendiculaires et polis comme une glace. Quelquefois tout n'est pas roche jusqu'à la fin, mais il se rencontre des lits de terre, de charbon, etc. ; alors l'opération devient des plus difficiles, et quelquefois infructueuse ; car, ces matières n'offrant pas une résistance égale, il arrive que le puits perd sa perpendiculaire ; mais ces cas sont rares. Quelquefois le gros anneau de fer, qui suspend le mouton, vient à casser ; alors il faut cinq ou six mois pour pouvoir, avec l'autre mouton, broyer le premier et le réduire en bouillie. Quand la roche est assez bonne, on avance jusqu'à deux pieds dans les vingt-quatre heures. On reste au moins trois ans pour creuser un puits. Pour tirer l'eau, on descend dans le puits un tube de bambou, long de 24 pieds, au fond duquel il y a une soupape ; lorsqu'il est arrivé au fond du puits, un homme fort s'assied sur la corde et donne des secousses, chaque secousse fait ouvrir la soupape et monter l'eau, le tube étant plein, un grand cylindre, en forme de dévidoir, de 50 pieds de circonférence, sur lequel se roule la corde, est tourné par deux, trois ou quatre buffles ou bœufs, et le tube monte ; cette corde est aussi de rotin. L'eau est très-saumâtre ; elle donne à l'évaporation un cinquième et plus, et quelquefois un quart de sel. Ce sel est très-âcre et contient beaucoup de nitre. »

L'abbé Imbert ajoutait que la plupart de ces puits dégagent de l'*air inflammable*, c'est-à-dire de l'hydrogène carboné, ou du *grisou*, provenant de gisements de houille traversés par le conduit. Quelques-uns de ces puits, appelés *puits de feu* par les Chinois, qui descendaient jusqu'à une profondeur de 3 000 pieds, ne fournissaient même que du gaz inflammable. Le gaz était employé à faire évaporer dans des chaudières de fer les eaux contenant le sel. Nous avons déjà rappelé ce dernier fait dans la *Notice sur l'éclairage* qui fait partie de ce volume.

La relation du missionnaire Imbert fut fort attaquée par les savants, entre autres par M. Héricart de Thury, ingénieur, qui était alors l'homme le plus compétent sur la matière. M. Héricart de Thury déclara qu'il était impossible de creuser la terre à une profondeur de 3 000 pieds, par le procédé chinois.

Le supérieur de la mission chinoise ayant fait part de ces critiques à l'abbé Imbert, celui-ci se rendit dans la région des puits de sel, pour vérifier l'exactitude de ses chiffres, et voici ce qu'il écrivait dans une seconde lettre :

« J'ai mesuré la circonférence du cylindre en bambou sur lequel s'enroule la corde qui remonte les instruments du fond du puits, j'ai mesuré le nombre de tours de cette corde. Le cylindre a 50 pieds de tours, et le nombre de tours de la corde est de 62. Comptez vous-même si cela ne fait pas 3 100 pieds ; ce cylindre est mis en mouvement par deux bœufs, mis à un manège ; la corde n'est pas plus grosse que le doigt, elle est faite en lanières de bambou et ne souffre pas de l'humidité. »

Les Chinois emploient au moins trois ans à creuser un puits, par le procédé qui vient d'être indiqué. Comme le dit l'abbé Imbert, quand la roche est bonne, c'est-à-dire quand elle n'est pas trop mélangée de lits de terre, de charbon ou d'autres matières susceptibles de s'ébouler, le travail avance de 2 pieds par 24 heures.

Les détails que donne l'abbé Imbert sur la manière d'élever l'eau, prouvent surabondamment que les puits à sel des Chinois ne sauraient être assimilés à nos puits artésiens, puisque l'eau n'y jaillit pas, lorsque le forage est terminé.

Ce missionnaire nous apprend, en effet, que, pour amener l'eau à la surface du sol, on descend dans le puits un tube de bambou, de 24 pieds de long, muni d'une soupape à son extrémité inférieure. Le tube étant arrivé au fond du puits, un homme vigoureux donne de violentes secousses à la corde (*fig.* 336). À chaque secousse, la soupape s'ouvre, et l'eau monte dans le tube. Lorsque le tube est plein, on le hisse en faisant tourner par des bœufs un grand cylindre sur lequel s'enroule la corde.

CHAPITRE PREMIER

Fig. 336. — Chinois creusant un puits pour l'extraction de l'eau salée.

De ce qui précède, il résulte donc : 1° que les puits à sel des Chinois n'ont rien de commun avec nos puits artésiens, si ce n'est leur grande profondeur ; 2° qu'on ne peut fixer avec certitude l'époque à laquelle remonte leur invention.

Ces réserves posées, il faut reconnaître que les procédés de forage des Chinois ne manquent pas de mérite dans leur simplicité ; mais nous avons déjà dit et nous aurons occasion de répéter, qu'ils ne sont applicables qu'à une certaine nature de terrains. De là l'insuccès qu'ont éprouvé en Europe plusieurs tentatives faites pour le *sondage à la corde*.

Il est probable que les puits artésiens furent connus en Italie à une époque fort ancienne. En effet, d'après un récit de Bernardini-Ramazzini, les fouilles pratiquées dans la ville antique de Modène, ont plusieurs fois mis à jour des tuyaux de plomb, qui communiquaient avec des puits abandonnés.

« Or, dit Arago dans sa Notice sur les *Puits forés*, quel aurait pu

Louis Figuier

être l'usage de ces tuyaux, si ce n'eût été d'aller chercher à 20 ou 25 mètres de profondeur, c'est-à-dire fort au-dessous des eaux de mauvaise qualité et insalubres, résultant des infiltrations locales, la nappe limpide et pure qui alimente toutes les fontaines de la ville moderne ? »

Au reste, dès le commencement des temps modernes, la ville de Modène avait déjà retrouvé la tradition ancienne, et elle possédait des puits artésiens, comme le prouvent ses armes, composées de deux tarières de fontainier.

Avant de se rendre en France, sur l'invitation de Louis XIV, c'est-à-dire vers le milieu du XVIIe siècle, Dominique Cassini avait fait creuser, au fort Urbain, un puits dont l'eau s'élançait jusqu'à 5 mètres au-dessus du sol. Lorsqu'on forçait cette eau à monter dans un tube, elle s'élançait jusqu'au faîte des maisons. Cassini a même laissé une description des procédés qui étaient mis en œuvre de son temps, par les habitants du territoire de Modène et de Bologne, pour faire jaillir l'eau des entrailles de la terre. Il dit qu'on applique sur les parois intérieures du trou de sonde « un double revêtement dont on remplit l'entre-deux d'un corroi de glaise bien pétrie. » Lorsqu'on est arrivé à la nappe souterraine, l'eau sort avec impétuosité par l'ouverture qu'a pratiquée la tarière. Elle monte à l'orifice supérieur du puits et sert à arroser les campagnes voisines.

« Peut-être, dit Cassini, ces eaux viennent-elles par des canaux souterrains du haut du mont Apennin qui n'est qu'à 40 milles de ce territoire. »

Cassini ajoute que, dans la Basse-Autriche, au milieu des montagnes de la Styrie, les habitants obtiennent de l'eau par une méthode analogue.

En France, les puits artésiens furent signalés pour la première fois, en 1729, par Belidor, dans son ouvrage intitulé *la Science des ingénieurs*.

« Il se fait, dit cet auteur, une sorte de puits appelés *puits forés*, qui ont cela de particulier que l'eau monte d'elle-même à une certaine hauteur, de sorte qu'il ne se faut donner aucun mouvement pour l'avoir, que la peine de puiser dans un bassin qui la reçoit. Il serait à souhaiter que l'on en pût faire de semblables en toutes sortes d'endroits, ce qui ne paraît pas possible, parce qu'il faut

CHAPITRE PREMIER

des circonstances du côté du terrain qui ne se rencontrent pas toujours. »

Cependant, à l'époque où Belidor écrivait son ouvrage, les puits forés étaient déjà connus en France depuis plusieurs siècles. Le plus ancien puits foré remonte, dit-on, à 1126. Il est situé à Lilliers (Pas-de-Calais), dans le vieux couvent des Chartreux.

Les sondages se pratiquent dans l'Artois avec une telle facilité, qu'en certaines localités chaque maison possède une fontaine jaillissante. Il suffit de creuser la terre à 15 ou 20 pieds, pour avoir de l'eau. L'instrument qu'on emploie pour ce travail, est fort grossier : il se compose d'une longue perche, terminée par une sorte de gouge en fer. Il y a loin de là aux forages gigantesques qui ont été exécutés de nos jours, à Paris et ailleurs.

Le premier puits artésien creusé dans le département de la Seine, date de 1824. Il fut percé à Enghien, par Péligot. Depuis cette époque, l'art des sondages a fait d'immenses progrès ; de grands perfectionnements ont été introduits dans les engins mécaniques, et les puits artésiens se sont multipliés d'une manière très-rapide.

CHAPITRE II

THÉORIE DES PUITS ARTÉSIENS. — UN PEU DE GÉOLOGIE. — EXPLICATIONS DIVERSES QU'ON A DONNÉES DU PHÉNOMÈNE DES PUITS ARTÉSIENS. — IMMENSES CAVERNES ET VASTES NAPPES D'EAU SOUTERRAINES. — RIVIÈRES QUI SE PERDENT DANS LE SOL.

D'où vient l'eau que débitent les puits artésiens ? Comment, le forage étant une fois opéré, l'eau jaillit-elle continuellement à la surface du sol ? C'est ce que nous allons examiner. Mais pour que nos explications soient bien comprises, une excursion dans le domaine de la géologie est indispensable.

L'écorce terrestre n'est pas uniforme dans sa composition. Formée à différentes époques, elle résulte de la superposition d'un certain nombre de terrains, qui correspondent chacun à une époque particulière, et qui se distinguent par des caractères bien déterminés. De ces terrains, les uns sont *stratifiés*, c'est-à-dire disposés par couches, qui s'étendent sur une grande surface, avec une épaisseur sensiblement uniforme, ou du moins progressivement variable ; les autres constituent, au contraire, des masses considérables, distribuées irrégulièrement. Les premiers terrains sont d'origine *aqueuse*, c'est-à-dire qu'ils se composent surtout de matières terreuses transportées et déposées par les eaux ; les seconds sont d'origine *ignée*, ce qui signifie qu'ils proviennent d'un épanchement de la matière centrale, d'abord liquide et incandescente, et qui s'est ensuite refroidie et solidifiée. Ce sont les terrains ignés qui constituent la charpente des grandes chaînes de montagnes et forment tous les reliefs importants du globe.

Les terrains stratifiés sont les seuls qui puissent donner lieu à la création de puits artésiens, parce que la disposition par couches se prête seule à la production du phénomène naturel dont on tire parti pour creuser les puits artésiens.

Ces terrains affectent ordinairement la forme de *bassins*, c'est-à-dire de vastes entonnoirs, à fond plat, dont on explique la formation par des mouvements intérieurs de la croûte terrestre, ayant produit une dislocation du sol. Cette dislocation a eu pour résultat de relever, en plusieurs points, des couches qui étaient primitivement horizontales sur toute leur étendue, et de produire une enceinte de collines surplombant les parties non déformées.

Il est arrivé aussi, dans certains cas, que les couches successives de terrains sédimentaires se sont déposées dans un bassin de formation plus ancienne, et qu'elles ont gardé leur horizontalité sur tous les points, jusqu'à leur rencontre avec les bords du bassin. Ce sont là des conditions moins favorables que les précédentes à la création des puits forés, parce que les couches étant d'autant plus étendues qu'elle sont plus élevées, la dernière recouvre toutes les autres, et que l'écoulement des eaux pluviales vers les parties inférieures du bassin, ne peut s'effectuer que par les fissures çà et là disséminées dans la masse des dépôts stratifiés.

Dans les conditions ordinaires, au contraire, c'est-à-dire lorsque le bassin s'est formé par le redressement des couches, les nappes d'eau souterraines se forment avec une assez grande facilité. Remarquons, en effet, que, dans ce cas, les couches se sont déchirées par le fait même du redressement, et que leurs extrémités, ou ce que l'on nomme leurs affleurements, viennent aboutir au grand jour, sur les flancs des collines et des montagnes. Or, parmi ces couches, il en est qui se composent de sables ou d'autres matières perméables. Les eaux pluviales ou celles des ruisseaux et des rivières pourront donc y pénétrer par leurs *affleurements*, et se précipiter le long de la pente qui leur est offerte, pour aller former dans les parties basses, des nappes liquides continues. Si la couche perméable est comprise, comme il arrive presque toujours, entre deux couches suffisamment imperméables, ces amas d'eau ne pourront se perdre dans les terrains avoisinants. On les retrouvera donc, si l'on creuse le sol au-dessus de remplacement qu'ils occupent.

On s'explique ainsi que de vastes nappes d'eau puissent se former dans les entrailles de la terre ; mais comment cette eau jaillit-elle à la surface du sol, lorsqu'on la met en communication avec le dehors par un puits ? C'est ce qu'il nous reste à examiner.

Ici nous rappellerons un principe d'hydrostatique bien connu : celui de l'équilibre d'un liquide dans deux vases communiquants. Chacun sait, pour en avoir été témoin plus d'une fois lui-même, que lorsqu'on verse un liquide dans deux vases communiquant par leur partie inférieure, quelles que soient d'ailleurs les formes respectives de ces deux vases, chacun sait, disons-nous, que le liquide se maintient à la même hauteur dans les deux branches : on dit alors qu'il est *en équilibre*.

Ce principe, connu en physique, sous le nom de *principe des vases communiquants*, se démontre à l'aide de l'appareil que représente la figure 337.

Un vase A, plein d'eau, communique, au moyen d'un tuyau horizontal, M, avec un tube droit, B. On peut remplacer ce tube, grâce à des ajutages de cuivre, par le tube sinueux C, ou par quelqu'autre. Or, il est facile, en opérant ces substitutions, de voir que le liquide s'élève à la même hauteur dans chacun de ces tubes, jusqu'à ce qu'il atteigne la hauteur du prolongement de la surface du liquide dans le réservoir.

Louis Figuier

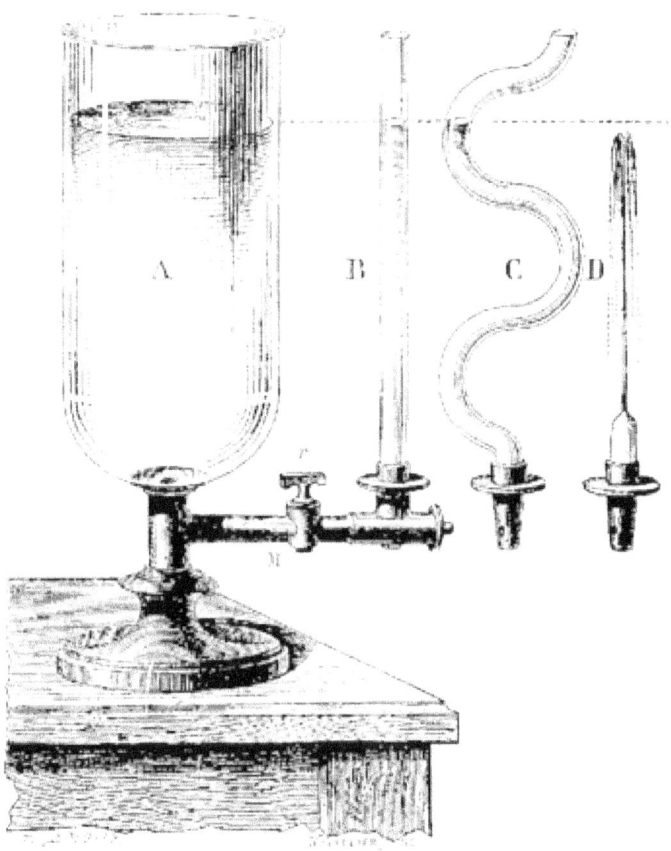

Fig. 337. — Équilibre d'un liquide dans des vases communiquant entre eux.

On peut, avec ce même appareil, faire une expérience qui met parfaitement en évidence le principe physique des puits artésiens. Au lieu d'un tube droit ou sinueux, mais ayant toute sa longueur, prenons un tube, D, beaucoup plus court, un peu rétréci à son extrémité, et faisons communiquer ce tube effilé avec le réservoir A ; puis, ouvrons le robinet r. On verra alors l'eau jaillir et s'élever à peu près jusqu'au niveau du liquide contenu dans le vase A. Nous disons à peu près, car le jet n'atteint jamais cette hauteur. Le frottement de l'eau contre les parois, comme aussi le choc des gouttes de liquide qui retombent contre celles qui s'élèvent, diminuent la vitesse ascensionnelle, et empêchent le liquide jaillissant de s'élever exactement à la hauteur du liquide principal.

Ce principe d'hydraulique étant posé, il sera facile de comprendre pourquoi, dans la nature, l'eau des nappes souterraines s'élève jusqu'à une certaine hauteur à la surface du sol, c'est-à-dire plus haut que les issues qu'on lui ouvre.

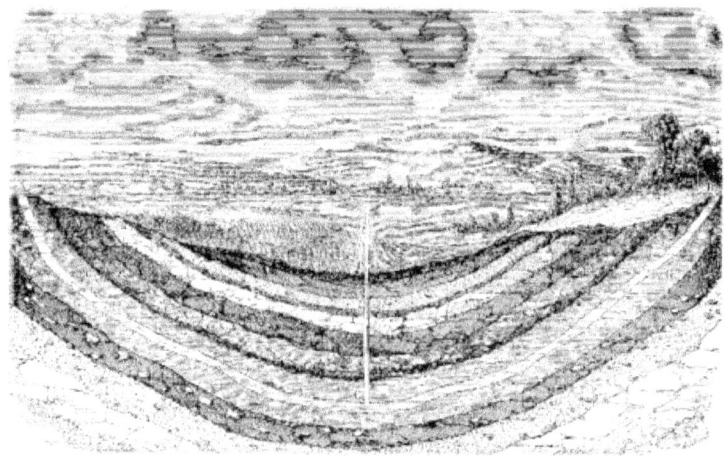

Fig. 338. — Coupe d'un terrain stratifié dans lequel on a creusé un puits artésien

Pour fixer les idées, concevons un terrain formé de couches superposées (*fig.* 338). L'une de ces couches, AB, est perméable et vient affleurer le sol aux points A et B ; elle est située entre deux couches imperméables G, G', qui opposent un obstacle invincible à la déperdition de l'eau dont est remplie cette même couche AB.

Au point D, si l'on creuse un puits qui descend jusqu'à la rencontre de la couche aquifère, en C, n'est-il pas évident que ce puits et la partie AC de la couche susdite, formeront un système de vases communiquants, et que l'eau devra tendre à s'y mettre en équilibre. Or, le point D est plus bas que le point A ; le liquide jaillira donc à peu près jusqu'en E, c'est-à-dire jusqu'au niveau prolongé du point A, qui est le point d'origine de la couche aquifère. C'est là le principe des jets d'eau.

Louis Figuier

Voilà ce que la théorie indique. Dans la pratique, les choses se passent un peu différemment.

En premier lieu, le frottement de la colonne liquide, contre les parois du puits, a déterminé des résistances qui diminuent la force d'ascension de l'eau. Il faut remarquer, ensuite, que les divers affleurements de la couche aquifère ne sont jamais situés au même niveau. Ainsi, dans la figure 338, le point B est situé en contre-bas du point A. De plus, la masse d'eau, contenue dans la couche perméable, est rarement immobile ; elle existe à l'état de courant, qui, après être entré, par les affleurements supérieurs, s'échappe en partie par les affleurements inférieurs. C'est donc une dérivation partielle que vient produire le puits foré. Il en résulte que la colonne liquide, soit qu'on la laisse s'élancer librement dans l'atmosphère, soit qu'on l'emprisonne dans un tuyau, après qu'elle a atteint la surface du sol, s'arrête à un niveau inférieur au point E. Ce niveau est d'autant moins élevé, que le puits est plus rapproché de l'orifice de sortie du courant souterrain.

C'est à cette circonstance que doivent être attribuées les différences, parfois très-sensibles, que l'on observe, au point de vue de la puissance du jaillissement, entre différents puits qui sont pourtant alimentés par la même nappe d'eau, et situés dans des localités voisines.

Enfin, il est évident que la force ascensionnelle de l'eau varie selon l'altitude du point où le puits a été creusé. Plus ce point sera bas, plus considérable sera la hauteur à laquelle montera le liquide. Si ce même point se trouve à un niveau supérieur, ou seulement égal à celui de l'affleurement dominant, l'eau ne pourra atteindre la surface du sol ; elle se maintiendra à une certaine distance au-dessous, et l'on sera contraint d'aller la puiser avec une pompe ou par tout autre moyen mécanique.

Il résulte de là que les plaines sont les seuls lieux propices au forage des puits artésiens. Là seulement la colonne liquide possède une puissance d'ascension suffisante pour jaillir avec force, et compenser, par l'importance de son débit, les dépenses assez grandes auxquelles entraîne la construction d'un puits artésien.

Quels sont les terrains les plus favorables à la création des puits artésiens ? La géologie va nous l'apprendre.

CHAPITRE II

Les différents terrains qui composent l'écorce terrestre, ont été classés, suivant leur ancienneté, en *terrains primitifs*, *terrains de transition*, *terrains secondaires*, *terrains tertiaires*, *terrains quaternaires*, et *terrains modernes*, ou *alluvions*. Pour reconnaître l'aptitude de chacun de ces terrains à fournir de l'eau par voie de forage, il suffit d'examiner quel degré de stratification il présente. C'est là un *critérium* infaillible, puisque nous avons établi que la disposition par couches superposées est la seule qui se prête à la création des puits artésiens.

Les terrains primitifs sont bien rarement stratifiés. Certaines roches granitiques, comme le gneiss, occupant les assises supérieures et moyennes de cette formation, offrent, il est vrai, en dépit de leur nature ignée, une disposition analogue à celle des terrains d'origine sédimentaire, et l'explication de cette particularité a même donné lieu, parmi les géologues, à de nombreuses controverses. Ce n'est là, toutefois, qu'une stratification incomplète, inachevée, et dont la réalité est même niée par quelques auteurs.

Il existe des fissures dans certaines masses granitiques, mais elles sont ordinairement isolées, et ne communiquent pas entre elles, de sorte que les eaux d'infiltration s'y concentrent sur de petits espaces, et constituent, non des nappes souterraines étendues, mais des sources peu abondantes et multipliées, qui sortent du sol à une faible distance de leur point de filtration.

Les puits forés ne peuvent donc fournir qu'exceptionnellement de bons résultats dans les terrains primitifs. On peut en dire autant des terrains de transition (*terrain silurien — vieux grès rouge — calcaire carbonifère* et *terrain houiller — nouveau grès rouge — zechstein — grès des Vosges*).

Ce sont les terrains secondaires qui possèdent toutes les conditions requises pour fournir des fontaines jaillissantes. Les terrains secondaires (*terrain conchylien — terrain saliférien — lias — oolithe — craie*) affectent ordinairement la forme d'immenses bassins, où se rencontrent, à diverses hauteurs, des couches perméables, constamment parcourues, par-dessous ces couches, par de véritables rivières souterraines.

L'étage de la craie, qui termine la série des terrains secondaires, et sur lequel reposent les terrains tertiaires, est littéralement criblé de fissures, qui livrent passage aux eaux d'infiltration, et concourent à la formation d'une immense nappe d'eau, supportée par les argiles qu'on trouve immédiatement au-dessous de la craie. C'est cette nappe qui alimente les puits de Grenelle et de Passy ; c'est la même qui alimentera les deux puits qu'on exécute en ce moment à la Butte-aux-Cailles et à la Chapelle-Saint-Denis, près de Paris.

Les terrains tertiaires (*sables inférieurs* et *argile plastique — calcaire grossier — gypse — molasse — faluns* et *crag*) ne diffèrent pas sensiblement des terrains secondaires, au point de vue spécial des eaux souterraines. Ils présentent seulement des bassins moins étendus, des couches moins épaisses et plus fréquemment alternantes, c'est-à-dire qu'on y observe une succession moins rare de couches perméables.

La conséquence de tous ces faits, c'est que les eaux artésiennes se rencontrent plus fréquemment et plus facilement dans les terrains secondaires que dans les terrains tertiaires.

Le bassin dont Paris occupe le centre, appartient aux formations tertiaires. Il repose sur la craie et s'étend jusqu'à Beauvais, Compiègne, Laon, Epernay, Montmirail, Montereau. C'est l'un de ceux qui réalisent le mieux la forme en bassin.

Nous ne dirons rien des terrains quaternaires et des alluvions modernes, car, en raison de leur peu de profondeur, ils ne peuvent donner lieu à d'importantes accumulations d'eaux souterraines.

Les terrains secondaires et tertiaires sont donc les seuls qui puissent donner lieu à une exploitation fructueuse.

Les terrains stratifiés présentent souvent, sur un même trajet vertical, différentes nappes liquides, situées à des hauteurs diverses ; et la force ascensionnelle de l'eau varie nécessairement, en des points même très-rapprochés, selon qu'elle provient de telle ou telle nappe. Dans sa Notice sur les *Puits forés*, Arago cite plusieurs exemples de nappes d'eau ainsi superposées.

Dans le cours des sondages entrepris aux environs de Dieppe, pour y découvrir des gisements de houille, on rencontra successivement sept nappes d'eau très-abondantes et douées chacune d'une grande puissance ascensionnelle. La première était située à 25 ou 30 mètres de profondeur ; la seconde, à 100 mètres ; la troisième, de 175 à 180 mètres ; la quatrième, de 215 à 220 mètres ; la cinquième, à 250 mètres ; la sixième, à 287 mètres ; la septième enfin, à 333 mètres.

Lors du forage des puits de la gare de Saint-Ouen, MM. Flachat constatèrent la succession de cinq nappes liquides superposées, la première à 36 mètres de profondeur, la seconde à 45 mètres, la troisième à 51 mètres, la quatrième à 59 mètres, et la cinquième à 66 mètres. Des faits semblables se sont produits à Saint-Denis, à Tours et dans d'autres localités de la France et de l'étranger.

Rien ne semble plus simple, plus naturel, que l'explication que nous avons donnée de la formation des nappes d'eau souterraines et du fonctionnement des puits artésiens. Avant de s'arrêter à cette théorie, la science a pourtant épuisé les plus singulières hypothèses. Elle s'est perdue dans des idées bizarres, qui ne devaient s'évanouir que devant la méthode de l'expérience et de l'observation directe. Comme ces hypothèses appartiennent à l'histoire des puits artésiens, nous devons en dire quelques mots.

Suivant Aristote, l'air répandu dans la profondeur de la terre, se change en eau, et cette eau s'élève jusqu'à la surface du sol, sous l'influence de causes diverses. Ces causes ont varié, d'ailleurs, selon la fantaisie des auteurs qui ont développé la théorie d'Aristote.

Aussi longtemps que l'école d'Aristote conserva en Europe, le sceptre des sciences et de la philosophie, la théorie précédente fut admise, plus ou moins modifiée dans les détails, mais, au fond, toujours la même. Descartes, le réformateur de la philosophie scolastique, substitua à la théorie aristotélienne une autre conception, plus compliquée, mais conçue, comme celle d'Aristote, sans la moindre étude du phénomène naturel qu'il fallait expliquer.

Descartes décida que les eaux marines s'infiltrent à l'intérieur des continents, et qu'elles viennent se rassembler dans de vastes cavités situées sous les montagnes. Mais comment les eaux de la mer perdent-elles leur salure, et par quelle force particulière s'élèvent-elles sur les sommets d'où elles s'échapperaient ensuite à l'état de sources ? C'est ce qu'il restait à expliquer.

Descartes, qui n'était jamais en défaut d'explications mécaniques, compara la terre à un vaste alambic, dans lequel la distillation de l'eau salée s'opérerait par l'action du feu central. Le sel, disait-il, se dépose au fond des cavernes souterraines, et l'eau, réduite en vapeurs, monte jusqu'à une certaine hauteur, où elle se condense, et sort du flanc de la montagne.

« Les eaux, dit Descartes, pénètrent par des conduits souterrains, jusqu'au-dessous des montagnes, d'où la chaleur qui est dans la terre, les élevant comme en vapeur vers leurs sommets, elles y vont remplir les sources des fontaines et des rivières. »

Cette théorie était séduisante, comme tout ce qui sortait de l'inépuisable imagination de notre immortel philosophe ; seulement c'était une conception de fantaisie.

D'après un autre physicien, La Hire, qui donna cette explication en 1703, l'eau de l'Océan serait dépouillée de ses principes salins par la terre qui agirait à la manière d'un filtre. Ensuite l'eau s'élèverait par capillarité jusqu'à la surface du sol, à peu près comme s'étend la goutte d'encre sur une feuille de papier buvard.

Dans l'hypothèse de Descartes, comme dans celle de La Hire, la nappe liquide souterraine devrait se trouver sensiblement au même niveau que la mer, dont elle était censée provenir. Or, cette égalité de niveau est contredite par les faits. Il existe des puits qui ne fournissent point d'eau, bien qu'ils descendent à une profondeur plus considérable que le prétendu réservoir commun des eaux de notre globe. On peut, en outre, citer des contrées tout entières dont le niveau est inférieur à celui de la mer la plus proche, et qui ne sont nullement inondées, qui ne sont pas même à l'état de marécages. C'est pourtant là ce qu'on devrait observer, si les eaux marines, par une infiltration sans cesse agissante, s'accumulaient à l'intérieur des continents.

D'autres objections pourraient être présentées à cette théorie, mais il serait sans intérêt de les énumérer. Nous voulons seulement montrer, avant de quitter ce sujet, que c'est en adoptant une erreur des anciens que les physiciens du XVIIe et du XVIIIe siècle avaient été conduits à aller chercher bien loin, c'est-à-dire dans la pénétration des eaux de la mer, une explication que l'on avait, pour ainsi dire, sous la main.

Sénèque assure, dans ses *Questions naturelles* que la pluie ne pénètre jamais dans la terre végétale à plus de 10 pieds de profondeur. Des mesures subséquentes conduisirent à des évaluations plus faibles encore de la zone de pénétration des eaux fluviales.

Voici comment s'exprime Arago à ce sujet :

CHAPITRE II

« D'après les expériences de la plupart des physiciens modernes qui se sont occupés de ce genre de recherches, la perméabilité des terres serait encore inférieure à la limite posée par Sénèque. Ainsi Mariotte admet que les terres labourées ne se laissent pénétrer par les plus fortes pluies d'été que de 16 centimètres (6 pouces) ; ainsi La Hire a reconnu qu'à travers la terre recouverte de quelques herbes, la pénétration n'a jamais lieu que jusqu'à 65 centimètres (2 pieds) ; ainsi, d'après le même observateur, une masse de terre nue de 2^m,60 (8 pieds) d'épaisseur n'avait pas, après une exposition de quinze années à toutes les intempéries atmosphériques, laissé passer une seule goutte d'eau jusqu'à la plaque de plomb qui la supportait ; ainsi Buffon ayant examiné dans un jardin un tas de terre de 3 mètres de haut qui était resté intact depuis plusieurs années, reconnut que la pluie n'y avait jamais pénétré au delà de 1^m,30 (4 pieds de profondeur).[1] »

Il est facile de comprendre maintenant comment Descartes et les physiciens de son école furent amenés à faire intervenir les eaux de l'Océan, réduites en vapeurs par l'action du feu central, c'est-à-dire par la chaleur propre du globe, pour expliquer l'existence de certaines sources à de grandes hauteurs au-dessus du niveau de la mer. Puisque les eaux pluviales restent toujours à la surface du sol, il faut bien, disait-on, que les eaux des sources situées dans les lieux élevés, aient une autre origine.

Le vice de ce raisonnement, c'était de supposer que partout la surface du sol est formée de terre végétale. Il n'en est point ainsi. Sur un grand nombre de points, le sable, matière éminemment perméable, et des roches sillonnées de fissures, se montrent à nu. C'est par ces canaux d'écoulement que les eaux pluviales s'infiltrent, et pénètrent dans les profondeurs du sol.

Avec un peu d'observation on serait arrivé sans peine à la véritable théorie des sources naturelles et des puits artésiens. Il eût suffi de remarquer l'étroite connexité qui existe entre les pluies et le débit des sources. Pendant les mois les plus chauds et les plus secs de l'année, le débit des sources et fontaines naturelles, devient moins considérable ; souvent même il est réduit à néant. Quand les pluies arrivent, les sources recommencent presque aussitôt à couler avec abondance.

1 *Notices scientifiques*, t. III, les Puits forés.

Louis Figuier

Comment les anciens physiciens ne comprenaient-ils pas la relation, la liaison si simple, si visible, de ces deux phénomènes ? Comment n'en concluaient-ils pas que les fontaines naturelles sont alimentées par les eaux pluviales ? Pourquoi allaient-ils chercher le feu central, lorsqu'il leur suffisait d'invoquer la pluie ? C'est que, dans les sciences, l'explication la plus simple est souvent la dernière à laquelle on songe. C'est que des vues systématiques, ou des théories qui exercent un grand empire sur les esprits, comme celles de Descartes, empêchent souvent de voir ou de comprendre ce qui, pour ainsi dire, tombe sous les sens.

Une des objections les plus spécieuses qu'on ait élevées contre la théorie moderne des puits artésiens, c'est qu'en certains pays, dans l'Artois, par exemple, ces fontaines surgissent au milieu d'immenses plaines, loin de toute colline qui pourrait donner lieu à une prise d'eau dans les conditions nécessaires pour le jaillissement de la nappe liquide intérieure. On résout facilement la difficulté en reconnaissant que le phénomène est susceptible de se produire dans de très-vastes proportions, sur une étendue immense. Il n'y a aucune impossibilité à ce qu'un puits foré soit alimenté par une nappe d'eau dont le point d'absorption serait situé à 20, 40, 60 ou 80 lieues de là, et les cours d'eau souterraine de 100 lieues d'étendue sont peut-être moins rares qu'on ne le suppose. Ne voit-on pas la constitution géologique d'une contrée rester la même sur une pareille superficie ?

Au reste, on connaît des faits qui corroborent parfaitement cette explication.

Arago cite l'exemple d'un navire anglais qui rencontra dans les mers de l'Inde, une abondante source d'eau : on était à 36 lieues de la côte la plus voisine. L'eau fournie par cette source était donc amenée du continent, sous le lit de la mer, par des canaux souterrains, mesurant au moins 36 lieues d'étendue en ligne droite. Du moment où de pareilles dimensions sont atteintes, rien ne s'oppose à ce qu'elles soient doublées ou triplées.

Le fait rapporté par Arago n'est pas, d'ailleurs, isolé. On a d'autres exemples de sources d'eau douce jaillissant au milieu de la mer. Dans le golfe de la Spezzia, petit port de la côte occidentale de l'Italie, on voit s'élancer, à environ 50 mètres du rivage, un jet d'eau vertical, composé de plusieurs petits jets, qui sont bien distincts par un temps calme. Cette source d'eau douce s'élance de la mer, avec une telle impétuosité, qu'il est presque impossible à un bateau de se maintenir en son milieu. La partie de la mer soulevée par l'irruption de l'eau douce, mesure environ 25 mètres de diamètre, et forme un petit mamelon de 30 ou 40 centimètres de haut.

Selon de Humboldt, sur la côte méridionale de l'île de Cuba, à deux ou trois milles de terre, plusieurs sources d'eau douce jaillissent du fond de la mer avec assez de violence pour que les petites barques s'abstiennent d'en approcher.

À l'intérieur de la terre, il existe des cours d'eau, ainsi que de véritables lacs, d'une immense étendue. Ce sont ces masses d'eaux qui peuvent fournir au débit des puits artésiens.

Les faits qui prouvent qu'il existe, à l'intérieur de la terre, des fleuves et des lacs, sont surabondants. Nous citerons les plus remarquables.

On voit quelquefois des fleuves entiers s'engouffrer dans le sol, et ne reparaître qu'au bout d'un certain temps. Ce phénomène se trouve mentionné dans les ouvrages des anciens. Pline cite l'Alphée, dans le Péloponèse, le Tigre, dans la Mésopotamie, le Nil même, comme disparaissant, en certains points de leur cours, dans les entrailles de la terre.

Il est peu de contrées où pareil phénomène ne se produise sur une échelle plus ou moins grande. En Espagne, la Guadiana se perd au milieu d'une immense prairie. En France, le Rhône devient tout à coup souterrain sur un parcours de plusieurs lieues. La Meuse disparaît à Bazoilles, pour revenir au jour deux ou trois lieues plus loin. Une petite rivière normande, la Dromme, qui se réunit à l'Aure, dans le département du Calvados, s'évanouit littéralement dans une prairie, au fond d'un trou de 10 à 12 mètres de diamètre, qui est connu sous le nom de *Fosse de Soucy* ; encore n'y arrive-t-elle que fort diminuée par des pertes successives résultant de l'absorption de ses eaux par d'autres trous moins importants. Dans la même province, la Rille, l'Iton, l'Aure, etc., se perdent également peu à peu, dans une série de trous, nommés *bétoirs*, situés sur leur parcours.[1]

---

1 Arago, *Notices scientifiques*, les Puits forés. Tome III, p. 296.

Louis Figuier

Il existe aux États-Unis, dans l'Etat de Virginie, une immense voûte naturelle, appelée *Rock-Bridge*, sous laquelle s'engloutit, à 90 mètres de profondeur, la rivière du *Cedar-Creek*

Du reste, l'existence de cavités souterraines contenant d'immenses réservoirs d'eau, n'est pas contestable, puisque ces rivières, ces fleuves, ces lacs, peuvent être vus et parcourus en plus d'un pays.

De Humboldt a donné la description d'une caverne célèbre, celle du *Guacharo*, située dans la vallée de Caripe, en Amérique. On pénètre par une voûte de 23 mètres de large, percée dans le rocher, à l'intérieur de cet antre, qui conserve ces dimensions sur une longueur de 472 mètres. Devant le refus des Indiens qui l'accompagnaient, de Humboldt dut s'arrêter après un parcours de 800 mètres ; de sorte que les dimensions réelles de la caverne restent encore un mystère.

Ce qu'il y a de certain, c'est qu'un cours d'eau de 10 mètres de large s'épanche sur cet espace de 800 mètres, et continue de couler plus loin.

Dans les États autrichiens, en Carniole, la caverne d'Adelsberg a été explorée par de nombreux curieux, sur une étendue de plus de deux lieues. Les investigations n'ont pu être poussées plus loin, à cause d'un lac, qui est infranchissable sans le secours des barques. La rivière Poick s'engouffre dans la même caverne ; quelques-unes des chambres de cette caverne présentent les proportions les plus grandioses.

Dans les eaux de cette petite rivière souterraine vit le singulier animal connu sous le nom de *Protée*.

« Au premier abord, dit le chimiste Humphry Davy, dans son intéressant ouvrage, *les Derniers Jours d'un philosophe*, on prendrait cet animal pour un lézard, et il a les mouvements d'un poisson. Sa tête, la partie inférieure de son corps et sa queue lui donnent une grande ressemblance avec l'anguille, mais il n'a pas de nageoires. Ses curieux organes respiratoires ne ressemblent point aux branchies des poissons : ils offrent une structure vasculaire semblable à une houppe, laquelle entoure le cou et peut être supprimée sans que le protée meure, car il est aussi pourvu de poumons, et vit également bien dans l'eau et hors de l'eau. Ses pieds de devant ressemblent à des mains, mais ils n'ont que deux doigts. Les yeux sont deux trous excessivement petits, comme le rat-taupe. Sa chair, blanche et transparente dans son état naturel, noircit à mesure qu'elle est exposée à la lumière et finit par prendre une teinte olive. Ses organes nasaux sont assez grands, et sa bouche, bien garnie de dents, laisse présumer que c'est un animal de proie, quoique, en esclavage, on ne l'ait jamais vu manger, et qu'on l'ait conservé vivant durant des années en changeant simplement de temps à autre l'eau des vases qui le renfermaient. »

Ce même reptile, propre aux rivières coulant au-dessous de la surface du sol, a été plus tard découvert dans les eaux souterraines du Laybach, par le baron Zoïs. Depuis, on l'a trouvé également à Sittich, à 30 milles d'Adelsberg, dans des eaux sortant d'une caverne.

Nous ajouterons, à propos de ces animaux qui habitent ces cours d'eau ténébreux, que, dans les sondages artésiens qui ont été faits dans le Sahara algérien, on a vu l'eau rejeter des poissons d'une espèce particulière.

Dans d'autres rivières souterraines on a découvert des insectes coléoptères. Ces derniers animaux présentaient le caractère extraordinaire d'être privés de l'organe de la vue. Des études anatomiques, faites en 1867, sur ces insectes aveugles, par M. Lespès, professeur à la Faculté des sciences de Marseille, ont mis cette particularité hors de doute.

En explorant ces cavernes souterraines, on y a souvent rencontré des lacs d'une grande étendue.

L'existence des nappes liquides cachées dans les profondeurs de la terre, est prouvée, par tous ces faits, jusqu'à la dernière évidence.

Nous venons de citer le lac que renferme la caverne d'Adelsberg. Dans la même contrée, en Carniole, on en connaît un beaucoup plus remarquable, sur lequel nous donnerons quelques détails : c'est celui de Zirknitz.

Ce lac mesure deux lieues de long sur une lieue de large. Son niveau est variable ; il se compose, pour ainsi dire, de deux lacs superposés, l'un extérieur, l'autre souterrain. Dès qu'arrivent les sécheresses, les eaux du lac supérieur baissent graduellement, et au bout de quelques semaines elles ont complètement disparu. On aperçoit alors très-distinctement, les ouvertures des canaux par lesquels elles se sont retirées dans les cavernes inférieures. Aussitôt que le lit du lac est débarrassé de son contenu, les paysans des alentours s'en emparent, y sèment des céréales ou d'autres végétaux qui poussent rapidement, et ils font la moisson deux ou trois mois plus tard. Après les pluies de l'automne, les eaux reviennent par les mêmes canaux qui leur avaient servi à se retirer, et reprennent leur ancien niveau.

Ce qu'il y a de bizarre, c'est que les eaux ramènent avec elles des poissons de différentes sortes et même des canards. Fait plus curieux encore, telle ouverture ne fournit que de l'eau, telle autre de l'eau contenant des poissons, celle-ci enfin de l'eau avec des canards !

Au moment de leur apparition, ces canards ont les yeux fermés et sont presque nus. Il ne tardent pas à ouvrir les yeux, mais ils ne sont capables de s'envoler qu'au bout de deux ou trois semaines. Valvasor, qui visita le lac de Zirknitz, en 1687, prit lui-même un grand nombre de ces canards ; il vit aussi les paysans pêcher des anguilles du poids de 1 à 2 kilogrammes, des tanches de 3 à 4 kilogrammes, et des brochets de 10, 15, 20 kilogrammes.

Il résulte de ces diverses observations, qu'il existe sous le lac de Zirknitz, non pas seulement une vaste nappe d'eau, mais un véritable lac, peuplé de poissons et de canards.

Au pied des coteaux calcaires qui bordent la rivière Verte, dans le Kentucky (Amérique du Nord), à plus de 100 kilomètres au sud de Louisville, se cache, sous les broussailles d'une végétation exubérante, l'entrée de la plus vaste des cavernes connues jusqu'à ce jour : la *Caverne du Mammouth*, On a déjà exploré une dizaine de lieues dans ce dédale, sans en bien connaître tous les replis, qui se noient dans d'épaisses ténèbres. Un voyageur, M. L. Deville, en a donné, en 1862, une intéressante description.

Accompagné de l'un des nombreux guides qui se trouvent à l'entrée de la caverne, pour diriger les touristes, et muni d'une lampe de mineur, notre voyageur descendit d'abord soixante marches. Il se trouva alors dans une galerie, haute et large d'une vingtaine de mètres et longue d'un kilomètre, à laquelle on a donné le nom de *Salle d'Audubon*. Elle aboutit à la *Rotonde*, vaste salle d'où rayonnent de nombreux couloirs. Un de ces couloirs conduit à un carrefour, dont la voûte forme une nef immense, décorée de longues stalactites, et que l'on appelle l'*Église*. Des stalactites calcaires y forment des colonnades, des stalles, et y dessinent même une sorte de chaire, où plus d'un ministre protestant est venu prêcher. En sortant de ce temple naturel, on arrive, par une série de corridors, à la *Chambre des revenants*, où l'on a découvert autrefois une immense quantité de momies indiennes.

Ce vaste cimetière d'une race disparue sert aujourd'hui de buvette ; les femmes des guides y tiennent des rafraîchissements et même des journaux. Quelques malades qui habitent ces souterrains, pour profiter de leur atmosphère salpêtrée, se réunissent dans cette partie de l'immense catacombe.

Si l'on descend le long de plusieurs échelles, et que l'on franchisse un vieux pont de bois, dont l'apparence de vétusté est peu rassurante, on arrive à un étroit sentier, dont la voûte finit par s'abaisser tellement qu'il faut marcher en rampant. Ce couloir a reçu le nom expressif de *Chemin de l'humilité*. Il aboutit à la *Chaire du diable*, sorte de balcon au-dessus d'une ouverture taillée dans le rocher, et conduit à l'*Abîme sans fond*. C'est un noir précipice, dont la profondeur surpasse toute imagination. Des cornets de papier huilé, que l'on y jette enflammés, s'éteignent avant d'arriver au fond. On raconte que deux nègres fugitifs, poursuivis à outrance dans ce sombre labyrinthe par leurs persécuteurs, se sont précipités dans le gouffre effrayant. Une corde de 300 mètres n'atteint pas le fond de cet abîme.[1]

En montant et descendant toujours, on arrive sous l'immense *dôme du Mammouth*, dont la coupole, qui a 130 mètres d'élévation, se perd dans les ténèbres, Un sentier qui s'élève en tournoyant, mène presque au sommet de ce dôme, qui consiste en une voûte noire parsemée de cristaux brillants ; c'est la *Chambre étoilée*. Eclairée par une lampe, cette coupole, tout incrustée de brillantes stalactites, scintille comme le ciel d'une nuit d'été. Par une adroite gradation de la lumière, les guides savent imiter le lever de l'aurore

---

1 On dit qu'à Frederickshall, en Suède, il existe une fente dans une roche granitique, dont la profondeur est telle que la chute d'une pierre ne s'y fait entendre qu'au bout d'une minute et demie ou deux minutes, ce qui donne, par un calcul facile à faire, 12 ou 18 kilomètres, deux fois la hauteur des plus hautes montagnes du globe.

Louis Figuier

ou l'arrivée de la nuit.

Après avoir traversé, à quelque distance de là, un bassin de 8 à 10 mètres, que l'on appelle *Dead sea* (mer Morte), on arrive à un large cours d'eau, qui porte le nom de *Styx*, et qu'il faut traverser en canot.

« Je monte, dit M. Deville, dans la grossière barque de Caron. Mon noir nautonier pousse quelques cris et les voûtes résonnent au loin ; on dirait les gémissements des âmes en peine condamnées à ces ténèbres éternelles. Nos lumières répandent des teintes rougeâtres sur les roches qu'elles profilent d'une façon étrange, pendant que sur l'eau du Styx, tout émaillée de brillants reflets, tranche vigoureusement la silhouette du nègre. Ce spectacle étrange me jetait dans des réflexions singulières, lorsqu'un bruit épouvantable retentit soudain dans la caverne. On eût dit un immense éboulement. Ce n'était toutefois qu'une surprise de mon guide, qui montrait ses dents blanches en riant aux éclats. Tandis qu'absorbé dans mes rêveries, j'oubliais sa présence, il était descendu à terre, et, frappant à coups redoublés sur une pièce d'étoffe, il avait éveillé ce fracas d'échos qui venait interrompre en sursaut le cours de mes réflexions. »

Au bout d'une demi-heure de navigation, on met pied à terre sur un sable fin. À quelque distance on aperçoit une petite source sulfureuse, puis l'*Avenue de Cleveland*, qui mène au *Salon de neige*, dont les murailles sont d'une éclatante blancheur. Des sentiers très-accidentés conduisent de là aux *montagnes Rocheuses*, amas de rochers détachés de la voûte, à travers lesquels on parvient à la *Grotte des fées* y où les stalactites forment des colonnades, des arceaux et des arbres d'un aspect magique. Le bruit des gouttes d'eau qui tombent de toutes parts, donne d'étranges sonorités à ce sombre labyrinthe. Au fond de la salle, est un groupe gracieux qui imite un palmier d'albâtre, au sommet duquel jaillit une source.

Quand on est parvenu à la *Grotte des fées*, on a parcouru quatre lieues. Il faut dix heures pour l'aller et le retour. Aussi, quand on revient de cette longue excursion souterraine, on salue la lumière du jour avec une satisfaction facile à comprendre.

Les grandes cavernes de la vallée de Castleton, en Angleterre, dont l'une a une longueur totale de plus d'un kilomètre, rappellent, sauf leur moindre étendue, les magnificences des grottes souterraines de l'Amérique du Nord, que nous venons de décrire. Elles offrent aussi une suite d'évasements successifs et d'étranglements, des gouffres sans fond, des lacs souterrains qu'il faut traverser en bateau, des piliers immenses, formés de brillantes stalactites, qui supportent la voûte, et étincellent par la réflexion de la clarté des torches ; elles réunissent enfin tout le merveilleux spectacle que présentent les grottes souterraines.

On peut citer d'autres exemples d'immenses réservoirs d'eaux souterraines. Il existe, près de Narbonne, cinq gouffres profonds, qui communiquent avec une nappe souterraine très-poissonneuse. L'eau remonte quelquefois par ces puits naturels, ramenant au jour une grande quantité de poissons, et le sol tremble, dit-on, sous les pas.

Dans le département de la Sarthe, près de Sablé, il existe un gouffre de 6 à 8 mètres de diamètre et d'une profondeur inconnue, désigné sous le nom de *Fontaine sans fond*. De temps à autre, ce gouffre déborde, et alors il en sort une incroyable quantité de poissons, parmi lesquels sont des brochets truités, d'une espèce particulière.

Dans le voisinage de Vesoul (Haute-Saône), une sorte d'entonnoir, nommé *Frais Puits*, se comporte à peu près de la même façon. Lorsqu'il a plu abondamment plusieurs jours de suite, un véritable torrent s'en échappe et inonde les environs. Au bout de quelques heures, les eaux s'étant retirées, on trouve des brochets à la surface des prairies envahies par le flot.

Nous parlerons enfin de la nappe souterraine qui alimente la célèbre fontaine de Vaucluse, près d'Avignon, et qui donne naissance, un peu plus loin, à la rivière de la Sorgue.

Le débit de la fontaine de Vaucluse est très-variable. Limité à 444 mètres cubes d'eau par minute, aux époques les moins favorables, il monte jusqu'à 1 330 mètres cubes, au moment des crues les plus hautes. En moyenne, il est de 468 millions de mètres cubes par an, nombre à peu près égal, suivant Arago,[1] à la quantité totale de pluie qui tombe annuellement dans cette partie de la France, sur une étendue de 30 lieues carrées. Qu'on s'imagine, d'après cela, le volume de la nappe souterraine formée par cette masse d'eaux

---

1 *Notices scientifiques*, les Puits forés, t. III, p. 290.

pluviales pénétrant à travers les fissures du sol !

Immortalisée par les amours de Pétrarque et de Laure, la fontaine de Vaucluse (*fig.* 339) coule à cinq lieues de la ville d'Avignon. Quand on est arrivé au village de Vaucluse, on n'a plus qu'un kilomètre à parcourir pour arriver à la fontaine.

Fig. 339. — La fontaine de Vaucluse.

CHAPITRE II

On aperçoit au-dessus du village, des ruines qui portent, sans aucun motif, le nom de *château de Pétrarque*. On entre alors dans un vallon étroit, bordé de rochers escarpés, aboutissant à un mur taillé à pic, par lequel le vallon se ferme brusquement comme un cul-de-sac : c'est de là qu'est venu le nom de Vaucluse (*vallis clausa*).

La source sort au pied de ce mur. On voit jaillir de ce point, une vingtaine de torrents, de la grosseur du corps d'un homme. Ils se précipitent avec fracas, et forment la rivière de la Sorgue. Au-dessous du mur qui ferme le vallon, est un bassin circulaire, de 20 mètres de diamètre, entouré d'énormes blocs de rochers et creusé en entonnoir, dans lequel les eaux de la fontaine se maintiennent à des hauteurs variables. On n'a jamais trouvé le fond de cet abîme. L'excavation du bassin s'étend sous les rochers, et de vastes canaux souterrains y amènent des eaux abondantes. Les blocs entassés en avant du bassin, sont couverts d'une mousse d'un vert noirâtre, qui croît sur une terre calcaire blanche, déposée par les eaux.

Sur le bord du bassin, on avait érigé, en 1809, une colonne portant cette inscription : *À Pétrarque*. Bien qu'elle fût taillée sur le modèle de la colonne de Trajan, à Rome, elle parut d'un effet si mesquin, comparée à la grandeur de la scène naturelle qui l'entourait, et aux rochers immenses dont la hauteur la rapetissait d'une façon démesurée, qu'il fallut l'enlever. On la transporta à l'entrée du village, où elle est encore.

On sait que Pétrarque alla chercher dans le vallon solitaire de Vaucluse les charmes du recueillement et de la solitude.

« Cherchant, nous dit Pétrarque, dans son *Épître à la postérité*, une retraite qui me servit d'asile, je trouvai, à quinze milles d'Avignon, un vallon très-étroit, mais solitaire et délicieux, que l'on nomme Vaucluse, et au fond duquel naît la Sorgue, la plus célèbre des fontaines. Épris des charmes de ce lieu, je m'y retirai avec mes livres. Mon récit serait trop long, si je racontais tout ce que j'ai fait dans cette solitude, où j'ai passé un grand nombre d'années. J'en donnerai une idée en disant que de tous les ouvrages qui sont sortis de ma plume, il n'en est aucun qui n'y ait été écrit, commencé ou conçu ; et ces ouvrages sont si nombreux que dans un âge avancé ils m'occupent et me fatiguent encore…

« Cette retraite m'a inspiré des réflexions sur la vie solitaire et le

Louis Figuier

repos des cloîtres, dont j'ai fait l'éloge dans deux traités particuliers. C'est enfin sous les ombrages de cette solitude que j'ai cherché à éteindre le feu dévorant qui consumait ma jeunesse ; je m'y retirai comme dans un asile inviolable : imprudent ! ce remède aggravait mes souffrance. Ne trouvant personne, dans une si profonde solitude, pour arrêter les progrès du mal, j'y souffrais davantage. C'est alors que, le feu de mon cœur, s'échappant au dehors, je fis retentir ces vallées de mes tristes accents qui, d'après quelques lecteurs, ont une douce mélodie. »

L'effet tantôt majestueux, tantôt riant et pittoresque, de la fontaine de Vaucluse, s'explique par les alternatives de l'irruption des eaux. Au point précis de la source, un énorme rocher s'élève, tout d'une pièce, à une hauteur de plus de 200 mètres, surplombant d'une façon menaçante la tête du touriste. Si les eaux sont basses, le visiteur voit à ses pieds un précipice horrible, incomplètement rempli d'eau ; si les eaux sont hautes, il a devant lui une cascade jetant sur une série de rochers une masse d'eau effroyable, qui se brise et se réduit en écume avec un fracas épouvantable.

Dans les crues annuelles ordinaires, l'eau se divise par chutes inégales, entre les blocs de rochers ; la cascade offre alors un aspect varié de formes et de couleurs. Mais, après les grandes pluies, par suite de l'abondance de l'eau, c'est une véritable rivière qui sort du gouffre, offrant l'aspect d'un immense manteau aux franges d'écume.

Ainsi ce ne sont pas seulement des lacs, masses d'eau immobiles, ou à peu près, que l'on rencontre dans les entrailles de la terre ; ce sont aussi de véritables rivières, qui se sont peu à peu frayé un chemin entre deux couches imperméables, en désagrégeant le terrain originaire et se mettant à sa place. Ces rivières coulent avec une certaine vitesse, absolument comme celles de la terre. Nous ne parlons pas ici des cours d'eau qui s'engouffrent momentanément dans des cavernes ; les rivières auxquelles nous faisons allusion sont essentiellement souterraines.

Il est certain qu'une rivière souterraine circule sous la ville de Tours. On en eut la preuve en 1831. Les eaux du puits artésien qui existe place de la Cathédrale, acquirent subitement une augmentation de vitesse, et se troublèrent. Durant plusieurs heures, le puits rejeta de nombreux débris de végétaux, parmi lesquels des rameaux d'épine noircis par suite de leur séjour dans l'eau, des tiges et des racines de plantes marécageuses, des graines de différentes espèces, paraissant avoir séjourné tout au plus trois ou quatre mois dans l'eau, enfin, des coquilles terrestres et fluviatiles. Tous ces débris, ramenés d'une profondeur de 110 mètres, ressemblaient à ceux que les petites rivières et les ruisseaux laissent sur leurs bords après un débordement. Comme ils ne pouvaient avoir été entraînés par des eaux filtrant à travers des couches de sable, ils démontraient l'existence d'un courant circulant librement dans des canaux souterrains.

La *fontaine* qui fournit la plus grande partie de l'eau potable à la ville de Nîmes, et qui circule au milieu de la charmante promenade de ce nom, est alimentée par une véritable rivière souterraine, et peut-être par plusieurs, si l'on considère son énorme débit.

Par les temps d'extrême sécheresse, le débit de la fontaine de Nîmes descend jusqu'à 1 330 litres par minute ; mais, s'il survient une grande pluie dans le nord-ouest, fût-ce même à 10 ou 12 kilomètres de la ville, ce débit s'élève rapidement jusqu'à 10 000 litres par minute, sans que la température de l'eau varie sensiblement. Il faut conclure de là, que l'eau qui alimente la fontaine de Nîmes, est amenée de loin, et qu'en outre, la source souterraine est animée d'une vitesse assez considérable, puisque la crue se manifeste presque immédiatement après la pluie.

Il n'est pas toujours facile, lorsqu'on creuse un puits artésien, de distinguer ces rivières souterraines des nappes tranquilles. Voici cependant quelques exemples d'une constatation péremptoire.

À Paris, près de la barrière Fontainebleau, des ouvriers foraient un puits, quand tout à coup la sonde leur échappe et s'enfonce de 78 mètres. Elle fût probablement tombée plus bas, si la manivelle, placée transversalement dans l'œil de la première tige, n'eût été trop longue pour glisser dans le trou de forage. Lorsqu'on entreprit de la retirer, on reconnut qu'un courant assez fort l'entraînait latéralement. Peu après, l'eau jaillit.

À la gare Saint-Ouen, MM. Flachat constatèrent également l'existence d'un courant énergique dans la troisième des cinq nappes liquides qu'ils rencontrèrent successivement. Non-seulement la sonde y tomba de $0^m,35$ et se mit à osciller d'une manière significative, mais lorsque la tarière, chargée des débris des couches inférieures, passait à la hauteur de la troisième nappe, tous ces débris étaient emportés, et il devenait complètement inutile de remonter l'instrument jusqu'à la surface du sol.

À Stains, près de Saint-Denis, et à Cormeille (Seine-et-Oise), MM. Mulot et Degousée ont, respectivement, reconnu des signes évidents de courants souterrains.

CHAPITRE III

INSTRUMENTS DE SONDAGE. — TIGES DE SONDE. — OUTILS RODEURS. — OUTILS PERCUTEURS. — DIFFÉRENTS SYSTÈMES POUR PRODUIRE LA CHUTE DE CES DERNIERS. — INSTRUMENTS DE NETTOYAGE ET DE VIDANGE DU TROU.

Nous sommes restés jusqu'à présent, dans le domaine des généralités. Abordons maintenant la partie technique de cette Notice, celle qui a trait à la pratique des sondages, aux différents systèmes employés, à la description des outils, ainsi qu'à l'énumération des procédés mis en œuvre pour réparer les accidents qui se produisent si fréquemment dans les forages un peu profonds.

MM. Degousée et Ch. Laurent ont publié un ouvrage excellent, *le Guide du sondeur.*[1] Nous y puiserons les principaux éléments de cette partie de notre travail.

---

1   *Guide du sondeur, ou Traité théorique et pratique des sondages* par MM. Degousée et Ch. Laurent, 2 vol in-8. Deuxième édition. Paris, 1861.

Fig. 340. — Tige de sonde dans lequel toutes ces questions sont traitées *ex professo*.

Ce qu'il faut dire tout d'abord, c'est que la composition de l'ensemble des engins nécessaires pour exécuter un sondage, varie considérablement selon la nature des terrains qu'il s'agit de traverser, et aussi selon le diamètre et la profondeur du puits à forer. Les mêmes outils ne peuvent être employés indifféremment pour percer un terrain formé de roches très-résistantes et un sol argileux ou sableux. Un entrepreneur de sondages doit donc, avant de commencer son travail, s'attacher à bien connaître la constitution du terrain, afin de s'épargner l'embarras d'un matériel inutile. De plus, il est rare que la nature du terrain ne change pas

Louis Figuier

sur une hauteur un peu importante. Presque toujours les terrains sont alternativement fermes et tendres ; les deux séries d'outils sont, dans ce cas, indispensables.

Nous décrirons les engins les plus généralement usités pour ces deux catégories de terrains. Répétons seulement que leur application est subordonnée, non-seulement à la constitution du sol, mais encore au diamètre et à la profondeur du forage. Il est donc impossible d'indiquer dans quelles circonstances précises on emploie les uns à l'exclusion des autres.

Quels que soient la nature et le mode d'action de l'instrument perforateur, on le désigne sous le nom général de *sonde*. Ainsi la *sonde* est l'engin quelconque qui manœuvre au fond du trou, muni des tiges qui le supportent, et par l'intermédiaire desquelles on lui communique le mouvement.

Les *tiges* de sonde (*fig.* 340) sont des barres de fer carrées, quelquefois cylindriques ou octogonales, dont la longueur et la grosseur varient suivant les difficultés du travail, c'est-à-dire selon la dureté du terrain et la profondeur du forage ; ces tiges ont rarement moins de 2 mètres de long. Elles se terminent, d'un côté, par un tenon, A, fileté sur la moitié de sa hauteur, et de l'autre, par une douille creuse, B, pourvue d'un pas de vis exactement semblable à celui du tenon correspondant. En termes techniques, le tenon s'appelle un *mâle*, et la douille une *femelle*.

Les tiges se vissent les unes sur les autres, en nombre suffisant pour atteindre le fond du forage. On les ajoute l'une à l'autre à mesure que la profondeur augmente.

Il est de la plus haute importance qu'il ne se produise point de rupture entre les tiges ; aussi les emmanchements doivent-ils être en fer forgé, d'excellente qualité.

Chaque entrepreneur de sondages a ses types de tiges, classés par numéros, et qui, une fois adoptés, restent constamment semblables à eux-mêmes. Cette fixité dans les types est absolument nécessaire, car les sondeurs expédient souvent des *équipages de sonde* en province et à l'étranger, et lorsque, à un moment donné, les acquéreurs ont besoin de pièces de rechange, il faut qu'ils puissent se les procurer par la simple désignation d'un numéro. Le type qui porte ce numéro n'ayant pas varié, on peut être certain qu'un *mâle* fabriqué il y a vingt ans, s'adaptera parfaitement sur une *femelle* d'exécution toute récente.

Les tiges en fer ont l'inconvénient d'être très-pesantes ; aussi a-t-on cherché à leur en substituer de plus légères. On a d'abord essayé des tiges en fer creux, fixées les unes sur les autres au moyen d'emmanchements à vis, semblables à ceux des tiges ordinaires ; ces emmanchements sont eux-mêmes scellés dans les tubes par deux fortes clavettes rivées. Mais, sous l'influence de chocs réitérés et d'une pression considérable, quand on arrive à une certaine profondeur, ces tiges se fendillent, et l'eau y pénètre. On ne remédie qu'imparfaitement à ce défaut en garnissant l'intérieur des tiges en fer creux, de liège ou de bois de sapin.

On a également tenté de réunir la solidité à la légèreté en associant le bois au fer dans la confection des tiges, soit en plaçant le métal à l'extérieur, soit, au contraire, en interposant des feuilles de tôle entre des madriers rassemblés par de bonnes rivures. Mais dans la pratique, les tiges en fer massif ont été reconnues supérieures à toutes les autres combinaisons.

Il est pourtant certaines circonstances où les tiges en bois présentent de grands avantages : c'est lorsqu'on doit traverser des terrains susceptibles de s'ébouler par le choc des instruments.

M. Kind, l'entrepreneur saxon, à qui l'on doit le puits de Passy, a le premier systématisé l'usage des tiges de bois. Il ne les a pas seulement appliquées dans des cas spéciaux, il a presque complètement abandonné les tiges en fer pour les remplacer par des tiges tout en bois.

Voici dans quelle circonstance fut résolue l'application des tiges en bois aux travaux de sondage.

M. Kind surveillait l'exécution d'un forage, lorsqu'un charpentier vint à laisser tomber son mètre dans le puits rempli d'eau.

« Encore un outil à retirer ! s'écria l'ingénieur Rost, avec humeur.

— Soyez sans inquiétude, répliqua l'ouvrier, mon mètre est en bois ; il remontera. »

En effet, peu de temps après, le mètre reparut, et rentra en possession du charpentier :

« Si nos tiges pouvaient revenir ainsi ! » murmura l'ingénieur.

Louis Figuier

— Elles reviendraient, si elles étaient en bois, reprit le chef du forage, Kind. »

Dès cet instant il fut convenu entre l'ingénieur Rost et le chef de forage Kind, que l'on substituerait les tiges de bois aux tiges de fer.

Les tiges de bois, avantageuses dans certaines conditions, présentent de sérieux inconvénients dans la pratique ordinaire. Elles n'opposent qu'une faible résistance à la torsion, se déforment facilement à de grandes profondeurs, et augmentent de poids en s'imprégnant d'eau. De plus, elles se détériorent très rapidement en magasin, parce que la dessiccation enlève au bois la plupart de ses qualités. Ajoutons que leur prix de fabrication est relativement assez élevé.

Nous aurons occasion de revenir sur les tiges en bois, lorsque nous parlerons des travaux du puits de Passy.

En général, et pour les forages dont la profondeur dépasse 50 mètres, il est bon que le poids de la sonde aille en décroissant de bas en haut. La lourdeur à la partie inférieure est une qualité ; dans les portions élevées, ce serait un défaut. Les tiges doivent donc être plus fortes au fond du puits que dans le voisinage du sol.

Après ces considérations relatives aux tiges de sonde, nous arrivons à la description des deux classes d'instruments propres au percement des deux grandes catégories de terrains que nous avons établies : ce sont les outils *rodeurs*, et les outils *percuteurs*. Les premiers, destinés à manœuvrer dans les terrains tendres, agissent par rotation ; les seconds agissent par percussion, ou par choc, car ils opèrent dans des terrains résistants.

Parmi les outils rodeurs, nous signalerons les *tarières*, les *langues américaines*, les *mèches anglaises*, les *alésoirs* et les *tire-bourre*.

Les *tarières* sont employées pour le forage des argiles, des craies marneuses, etc., mais seulement à de petites profondeurs. Au-delà d'une certaine limite, il vaut mieux se servir des instruments de percussion. On applique fréquemment les tarières pour aléser les trous de sonde, ainsi que pour remonter des débris et pêcher les fragments d'outils brisés.

C'est toujours à l'aide de la tarière que l'on commence un sondage dans les couches tendres.

CHAPITRE III

La forme de la tarière varie selon la nature du terrain.

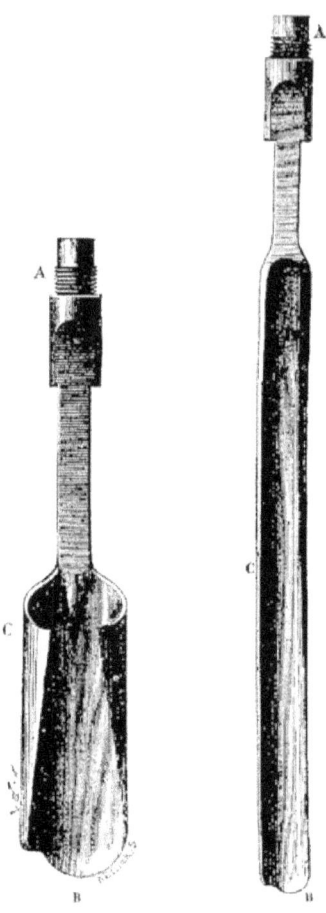

| Fig. 341. Tarière à talon. | Fig. 342. Tarière longue à talon. |

Quand la tarière doit servir à rapporter les débris, en même temps qu'à creuser le sol, elle est pourvue d'un talon qui empêche les matières de retomber pendant l'ascension de l'instrument. C'est ce que représente la figure 341. A, est la partie filetée qui sert à visser l'outil aux tiges de sondage ; B, le talon de l'instrument ; C, le corps de la tarière.

La tarière, longue et toute droite que représente la figure 342 est destinée à agir dans les terrains argileux. Elle en sépare des fragments que les sondeurs appellent des *carottes* en raison de leur forme, et elle les remonte à la surface du sol, par simple adhérence de la motte de terre contre la cavité.

Les *langues de serpent*, ou *langues américaines* donnent à peu près les mêmes résultats que les tarières ; on emploie quelquefois alternativement les unes et les autres.

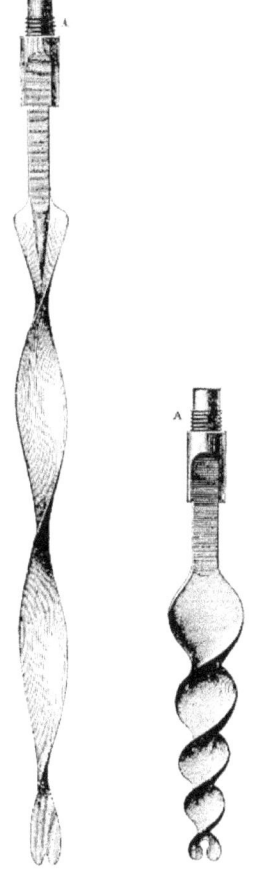

Fig. 343. langue américaine.	Fig. 344. Autre langue américaine.

Les figures 343 et 344 font voir que les langues américaines

CHAPITRE III

consistent en des lames coupantes, plus ou moins allongées et plus ou moins contournées en hélice.

La *mèche anglaise* sert utilement pour le passage d'argiles ou de marnes très-compactes, ainsi que pour traverser certains obstacles qui se rencontrent accidentellement dans des terrains peu résistants.

Les *alésoirs* sont destinés à polir le trou fait par les tarières. MM. Degousée et Ch. Laurent s'expriment ainsi, dans leur ouvrage, au sujet des *alésoirs* :

« Les *tarières* et les *langues de serpent* servent quelquefois comme alésoirs, mais il y a des cas où elles sont insuffisantes ; par exemple, dans les terrains tendres en masse, mais contenant ça et là des plaquettes ou des rognons durs, la tarière ou le trépan qui les a traversés a souvent laissé de côté les parties dures, ou du moins n'a fait que les entamer, de sorte que la distance horizontale qui sépare ces irrégularités, prise à différentes profondeurs, n'est pas égale au diamètre du trou primitivement adopté. Il est nécessaire, pour produire un alésage régulier, d'attaquer à la fois plusieurs de ces parties saillantes, et, pour cela, d'employer des alésoirs d'une grande longueur.[1] »

Les alésoirs sont à une ou plusieurs lames. Nous représentons dans la figure 345 l'alésoir à une lame, et dans la figure 346 l'alésoir à deux lames.

Il est des alésoirs à quatre branches, possédant chacune une arête compacte. Ce dernier instrument, qui n'a pas moins de 6 mètres de longueur, est précieux en ce sens qu'on peut facilement augmenter ou diminuer son diamètre. Il a, en outre, l'avantage de ramener beaucoup de débris. Signalons enfin le *trépan-alésoir* à six lames.

On se sert du *tire-bourre* (*fig.* 347) pour retirer des cailloux roulés ou des outils qui se sont brisés par accident, dans le trou de sonde, quelquefois aussi pour traverser certains sables ; mais il est principalement utile pour extraire les gros rognons de silex qui se trouvent dans la craie. C'est un instrument à double ou simple hélice, en fer rond ou plat. Comme tous les autres instruments de ce genre, il est pourvu, à sa partie supérieure, d'un tenon fileté, A, qui s'adapte à la dernière tige du sondage.

---

1 *Guide du sondeur*, t. II, p. 114.

Louis Figuier

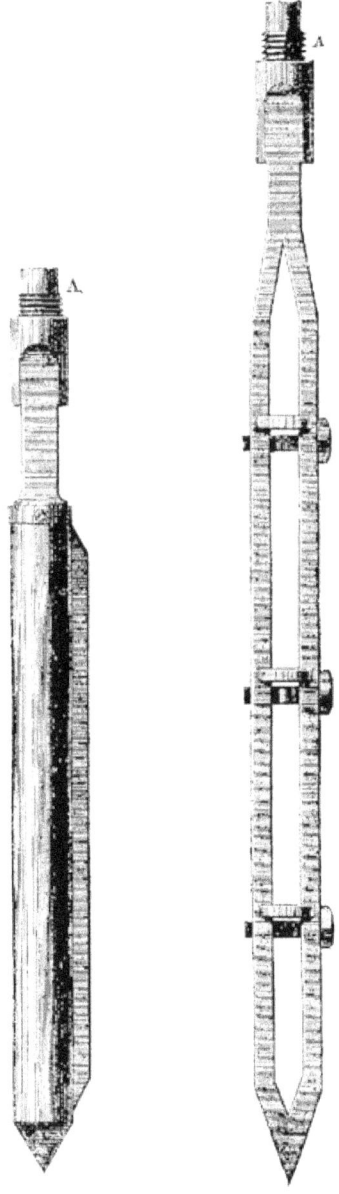

| Fig. 345. Alésoir à une lame. | Fig. 346. Alésoir à deux lames. |

CHAPITRE III

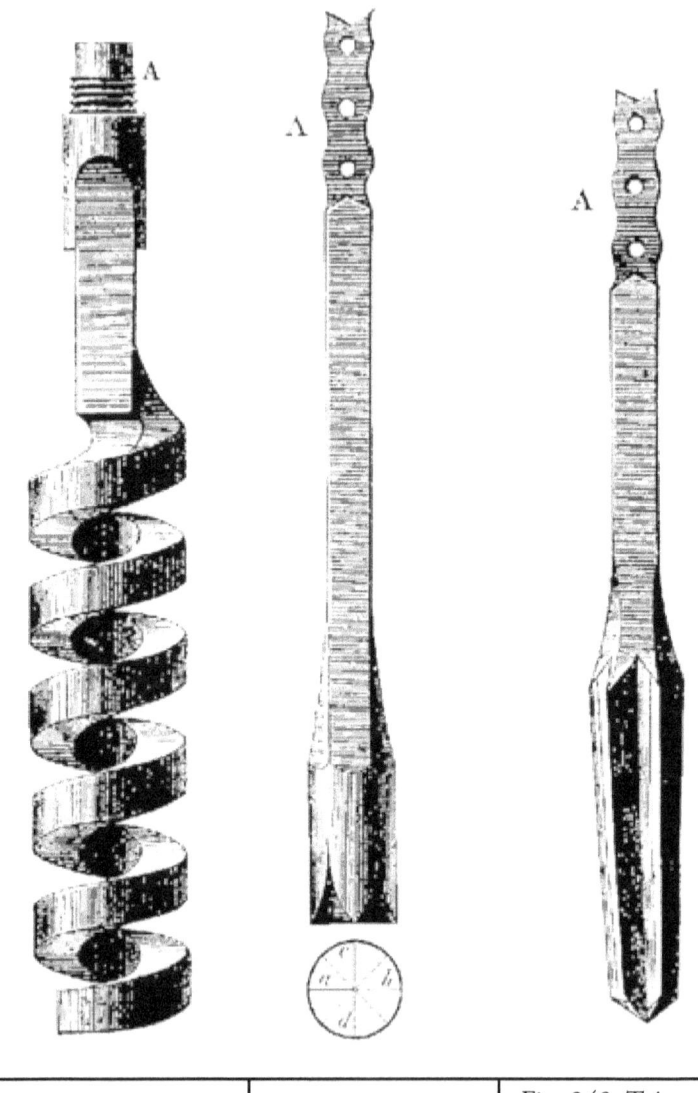

| Fig. 347. Tire-bourre. | Fig. 348. Trépan. | Fig. 349. Trépan bonnet de prêtre. |

Passons aux outils percuteurs, désignés sous les noms de *casse-pierre*, ou *trépan*.

Les outils de cette classe sont spécialement destinés à l'attaque des roches dures. On les utilise également pour traverser les sables secs ou argileux, les marnes et même certaines couches d'argile. Ils présentent les formes les plus variées.

À l'origine, le trépan consistait en une simple lame biseautée. Puis vint le trépan à deux tranchants perpendiculaires l'un à l'autre. En donnant de la longueur aux arêtes longitudinales, on a fait le *trépan-alésoir* à quatre arêtes (*fig.* 348). En multipliant le nombre des arêtes en les inclinant un peu vers le bas, on a obtenu le *bonnet de prêtre*, ou *étoile*, figuré sous le n° 349.

On peut constater par l'inspection de ces deux derniers dessins, que tous ces instruments se fixent sur la maîtresse-tige au moyen de boulons, A. Or, dans le système de la percussion, ce mode d'emmanchement est mauvais ; car sous l'influence de chocs répétés, les écrous se desserrent, et finissent par tomber, avec les boulons, au fond du trou, où il faut aller les reprendre ou les broyer. En outre la rigidité de la sonde est compromise, et le travail se fait dans de mauvaises conditions. C'est pourquoi, dans tous les outils mus par percussion, on a substitué le mode d'assemblage à vis au mode d'assemblage par des boulons.

Le *trépan à oreille simple*, autre forme de même outil, sert à enlever les aspérités qui subsistent dans un forage exécuté à l'aide des instruments qui précèdent, et qui résultent, soit de la nature difficultueuse du terrain, soit de l'inhabileté du sondeur.

Le *trépan à oreilles doubles* ne diffère du précédent qu'en ce qu'il comporte une oreille de plus. Ces oreilles présentent naturellement des arêtes coupantes.

Le *trépan à oreilles doubles* est formé par la combinaison de deux trépans de diamètres différents. Il est employé pour le percement de roches extrêmement dures, lorsque le trou de sonde doit avoir une grande largeur, parce qu'alors on trouve avantage à forer d'abord à un certain diamètre, à élargir ensuite le trou avec un outil d'un calibre plus fort.

CHAPITRE III

Fig. 350. — Trépan à oreilles doubles.

On voit que le trépan à oreilles doubles remplit parfaitement le but cherché. Il se compose (*fig.* 350) d'une simple lame pourvue d'une saillie, qui accomplit la première partie du travail et d'un fût à oreilles situé au-dessus. Les oreilles A, A' abattent la couronne laissée par le trépan simple et mettent le trou de sonde au diamètre voulu. Elles ont, en même temps, l'avantage d'assurer la verticalité constante de l'outil.

Louis Figuier

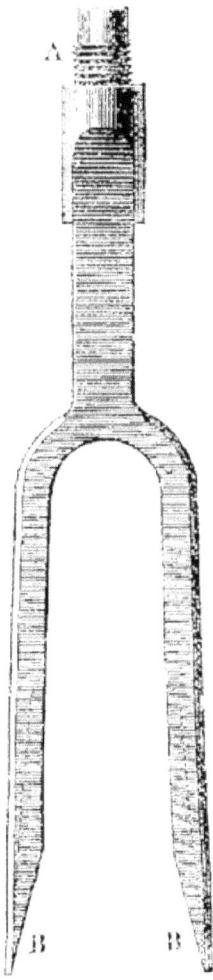

Fig. 351. — Trépan à deux branches.

Le *trépan à deux branches* (*fig.* 351) est employé pour aléser un trou de sonde dans des terrains secs et tendres, comme les craies, les schistes houillers, ainsi que pour dégager des débris qui l'entourent, un fragment d'outil resté au fond du puits.

En principe, il est préférable que les instruments perforateurs

CHAPITRE III

soient faits d'une seule pièce ; ils sont plus solides ainsi, et présentent, par conséquent, plus de sécurité. Quand ils atteignent de grandes dimensions, il peut cependant y avoir avantage à se départir de cette règle, et à fabriquer séparément le fût et la lame, qu'on réunit par un boulonnage aussi immuable que possible. De cette façon une infinité de lames de grandeurs et de formes diverses peuvent s'adapter au même fût, ce qui donne à la fois simplicité et économie.

Comment s'opère la manœuvre d'une sonde quelconque, et en particulier, celle des instruments mus par percussion ? C'est ce que nous allons examiner.

Pour un sondage de petit diamètre et de quelques mètres de profondeur seulement, il suffit d'un homme qui agisse directement sur la sonde, au moyen d'un bâton passé transversalement dans la partie supérieure de la tige. Mais dès que le forage atteint 8 mètres, il devient nécessaire d'employer une chèvre toute simple, composée de trois morceaux de bois de 3 m à 3^m,50 de longueur, réunis à leur sommet, et supportant une poulie, sur laquelle passe une corde, aboutissant, d'un côté, à la sonde, et de l'autre, à la main de l'opérateur.

Le sondage descend-il jusqu'à 15 ou 20 mètres, on emploie une chèvre mieux conditionnée, munie d'un tambour à double manivelle, sur lequel s'enroule la corde après avoir passé sur la poulie.

De 20 mètres à 50 mètres, cette chèvre suffit encore ; mais elle doit être plus solide, les difficultés à vaincre étant plus grandes. On lui donne une hauteur de 5 mètres, ce qui donne l'avantage de pouvoir augmenter la longueur des tiges, de diminuer par conséquent le nombre des emmanchements et de réduire le temps passé à les visser et à les dévisser. Le simple tambour à manivelle est remplacé par un treuil à engrenage, pourvu d'un encliquetage, qui permet de tenir la sonde en suspension, lorsque la nécessité s'en fait sentir.

Louis Figuier

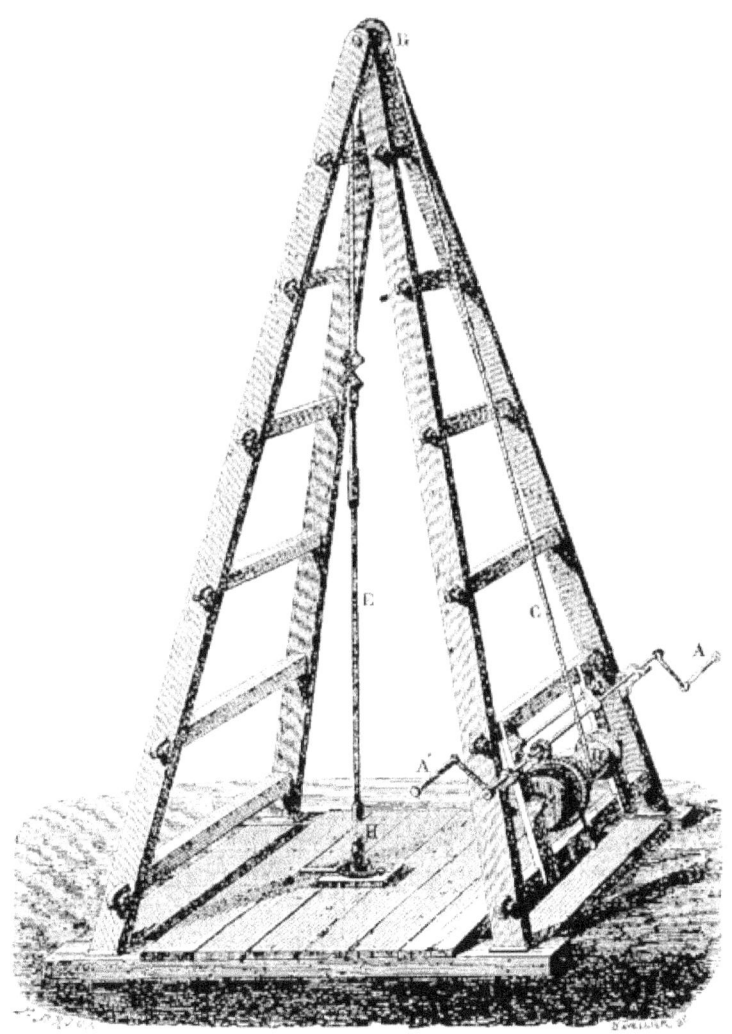

Fig. 352. — Chèvre de sondeur à tambour et encliquetage.

C'est ce que représente la figure 352. Dans cette figure, B′BB′ est le montant de l'échafaudage, D, le treuil qui, au moyen de la manivelle AA′, déroule et enroule la corde C, et manœuvre ainsi la tige de sonde, E, dans le trou, H.

CHAPITRE III

Au-delà de 50 mètres, on se sert d'une chèvre à quatre montants, dont on règle les dispositions et la grandeur suivant la profondeur du sondage et la résistance du terrain.

Depuis longtemps, on a presque complètement renoncé aux cordages, dans la manœuvre des sondes : on les a remplacés par des chaînes, qui sont moins susceptibles de se briser. Les ruptures de chaînes sont, il est vrai, encore assez fréquentes ; mais, comme elles s'annoncent par des fentes dans la soudure des maillons, on peut les prévoir, si l'on a la précaution de visiter soigneusement les chaînes de temps à autre. Cette inspection est très-essentielle, puisqu'elle peut prévenir de graves accidents.

Nous n'avons pas besoin de dire que la chaîne est toujours manœuvrée, dans les sondages un peu profonds, par un treuil ou cabestan.

Ce treuil est simple ou double, selon l'effort à accomplir ; il se manœuvre directement par des hommes, ou reçoit son mouvement d'une machine à vapeur.

Le treuil est un des engins les plus usités de la mécanique ; tout le monde le connaît. Nous nous dispenserons donc de le décrire. Nous indiquerons seulement les additions qu'on y a apportées, pour produire la chute des outils percuteurs et broyer les roches dures.

Il y a deux systèmes principaux de *battage* pour le forage des puits artésiens : la came et le débrayage.

Dans le premier système, une came à deux ou trois dents est fixée sur le tambour du treuil, et communique un mouvement alternatif à la sonde, par l'intermédiaire d'une bascule, qui se trouve prise et lâchée successivement par chaque dent.

Le *débrayage*, dont le mécanisme ne saurait être compris sans une figure explicative, consiste en ceci. Sur le tambour, R, du treuil, dont S et T sont le pignon et la roue, existe un manchon en fonte, A (*fig.* 353) fixé sur l'arbre et percé dans toute sa longueur de huit ouvertures. Ces ouvertures sont destinées à recevoir les dents d'un autre manchon, mobile sur l'arbre dans le sens de sa longueur, mais tournant avec lui.

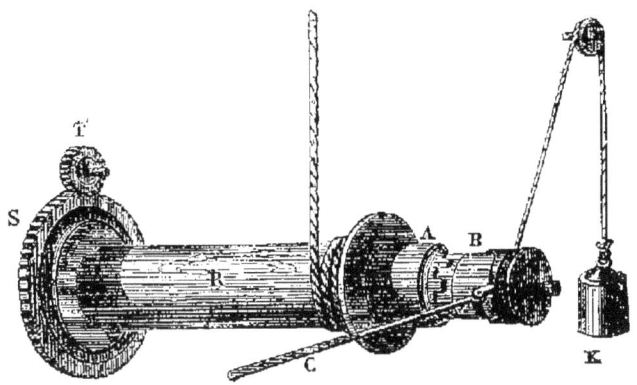

Fig. 353. — Mode de débrayage pour le forage des puits artésiens.

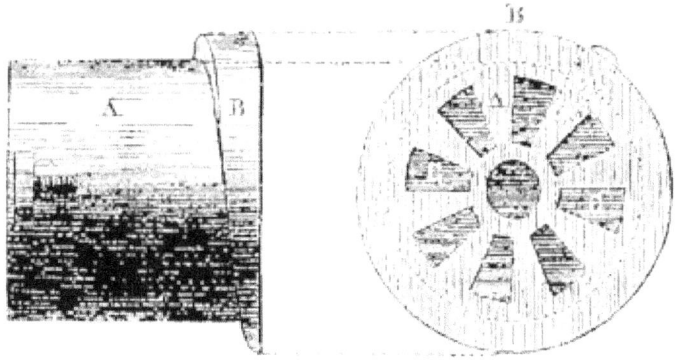

Fig. 354. — Embrayage.

Nous représentons à part (fig. 354) le disque percé des huit ouvertures, et qui est enfilé sur l'axe de l'arbre R. Les mêmes lettres correspondent, sur cette figure, aux lettres de la figure 353. A est le disque, CC, les trous dont ce disque est percé. La corde de suspension étant solidement fixée au premier manchon, on *embraye* au moyen du levier G (*fig.* 353), c'est-à-dire qu'en tirant horizontalement ce levier, on rapproche le second manchon, B, du premier, A, de manière à entraîner celui-ci dans le mouvement de rotation du tambour, par le fait des huit dents engagées dans les

CHAPITRE III

ouvertures C.

La corde s'enroulant alors sur le manchon, la sonde s'élève. Lorsqu'elle l'est suffisamment, on *débraye*, c'est-à-dire qu'on éloigne les deux manchons, A, B, en tirant en sens contraire au moyen du même levier G (*fig.* 353). Le manchon, devenu libre, est alors entraîné par le poids de la sonde en sens contraire de son mouvement précédent, la corde se déroule et la sonde retombe, par son poids, au fond du puits. Après le choc, on embraye de nouveau, et ainsi de suite.

Ce sont ces chocs répétés de la sonde, continuellement soulevée et retombante, qui creusent le trou du forage.

Pour éviter que le manchon, animé d'une grande vitesse, ne continue à tourner lorsque la chute est terminée et n'enroule la corde au rebours de la première fois, on fait usage d'un contre-poids K (fig. 353) de 20 à 25 kilogrammes, qui se balance à l'extrémité d'une corde, également fixée au manchon, et qui est disposée de manière à s'enrouler lorsque la corde principale se déroule, et inversement.

Le système de *débrayage* s'emploie surtout dans les terrains tendres ou médiocrement résistants, et à des profondeurs de 100 ou 200 mètres, lorsque la sonde doit être élevée jusqu'à 1 mètre et même 1^m, 50. La *came* est préférable pour le percement des roches dures, où les chocs doivent être très-multipliés et l'amplitude des oscillations peu considérable.

Les treuils les plus perfectionnés portent à la fois les deux systèmes, disposés de chaque côté du tambour. Le sondeur a ainsi la faculté de varier le mode de percussion suivant la nature des terrains qui se présentent.

Lorsque les outils de forage ont manœuvré quelque temps au fond du trou, ils y ont laissé des débris, provenant, soit de son action directe sur les couches successives, soit du fouettement des tiges contre les parois. Arrive alors l'opération qui consiste à enlever ces débris.

Les instruments de nettoyage et de vidange portent le nom de *cuiller*. Ils se composent d'un cylindre muni, à son extrémité inférieure, d'une soupape. Cette soupape est plane ou sphérique. Les cuillers ont, d'après cela, reçu le nom de *soupape à clapet* ou de *soupape à boulet.*

Ces deux sortes de soupapes sont affectées à des terrains différents. On emploie les premières pour remonter les vases et les débris de roches ou d'autres matériaux fortement unis par la cohésion ; on se sert plus particulièrement des secondes dans les couches sableuses.

La longueur des cuillers varie suivant la profondeur du sondage et la nature des terrains traversés. Quelques-unes mesurent jusqu'à 3 mètres et plus. Disons un mot des plus usitées.

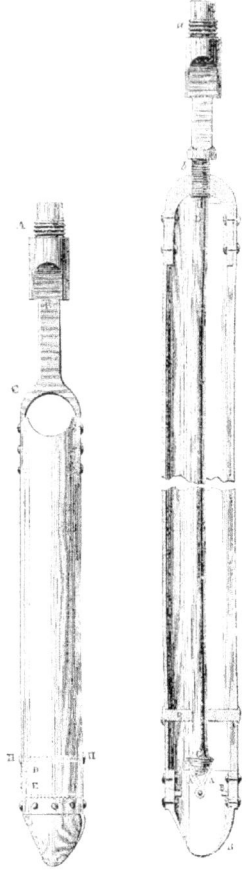

| Fig. 355. — Cuiller munie de la soupape à clapet. | Fig. 356. — Cuiller munie d'une soupape à tige intérieure. |

La figure 355 représente une cuiller munie de la soupape à clapet, adoptée pour les petites profondeurs. Une sorte de tarière, B, termine le tuyau. Elle pousse le clapet, EF, quand elle a choqué le fond du trou. Ce clapet, qui est à charnière, est rivé, en F, au tuyau, et est mobile dans sa partie ED, qui peut s'élever et s'abaisser, mais seulement au-dessous de la traverse HH. Lorsque le tuyau s'est chargé de débris, ce clapet se referme par son poids ; des lames de plomb qui le recouvrent, l'aident à se refermer.

La cuiller CB est introduite dans le trou du puits, en fixant au filetage de la sonde, A, un éperon de fer, B, auquel elle est rivée par des boulons.

Les soupapes, une fois ramenées au niveau du sol, se vident par le haut. Il suffit de dévisser la partie filetée, A, et d'incliner le tube au-dessus du tonneau qui sert à recevoir les débris.

Il est extrêmement important que les clapets ferment hermétiquement après la prise des débris. Sans cela la terre rapportée du fond retomberait pendant l'ascension de la soupape, et l'on perdrait son temps en voyages stériles. Dans certains terrains maigres, cette circonstance se présente assez souvent, en dépit des morceaux de plomb dont on a chargé les clapets. C'est pour cela qu'on a imaginé une tige DC (*fig.* 356), qui se visse, d'une part, en *bb*, sur la fourche du tuyau, et de l'autre, vient peser sur les clapets A, A, après avoir passé dans une traverse de fer, E, qui la maintient solidement. Lorsque la cuiller est remplie, il suffit de faire descendre la tige CD pour fermer, sans retour possible, les clapets A, A.

La soupape à boulet est représentée ici (*fig.* 357). Elle sert à l'épuisement des sables.

Louis Figuier

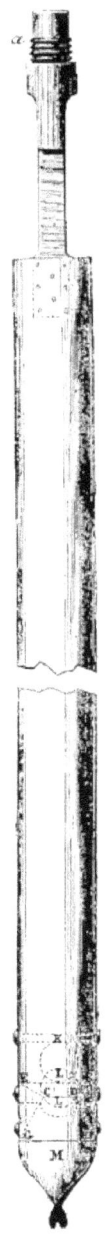

Fig. 357. — Soupape à boulet.

CHAPITRE III

Le siège du boulet est en fonte ; évidé coniquement en dessous, il a reçu le nom de *coquetier*, à cause de sa forme. Le boulet KL, repose sur l'arête CD ; il peut s'élever jusqu'à la limite marquée par une bride, ou une traverse, K. À la base du tuyau et faisant corps avec le coquetier, est fixée une mèche de tarière, M, ou une langue américaine, très-courte.

La cuiller munie de la soupape à boulet se manœuvre de la façon suivante.

On imprime par le jeu du treuil, à la sonde (*fig.* 357) un mouvement alternatif d'ascension et de descente. Lorsqu'elle monte, les hommes la tournent lentement, en marchant au pas ; lorsqu'au contraire elle descend, ils lui communiquent une impulsion très-rapide. De cette façon la cuiller BM se remplit de sable.

Si l'on se contentait de roder doucement, comme avec les soupapes à clapet, on n'obtiendrait aucun résultat. Le boulet KL est déplacé par l'entrée subite des terres provoquée par le choc de la base de la cuiller ou tarière M contre le fond du trou, et le tube se remplit de terre. Ensuite cette terre pesant sur le boulet, le fait abaisser et replacer sur son siège primitif. Dès lors, la cuiller étant bien fermée à sa base, les terres qui la remplissent ne peuvent plus en sortir, et sont ramenées au haut du trou, avec la cuiller.

Il y a avantage, dans certains sables fluides, à remplacer les tiges de fer qui portent la cuiller, par une corde en fil de fer ou en chanvre goudronné ; la vidange du trou de sonde se fait mieux par cette méthode.

On place quelquefois à la partie supérieure de la cuiller, un second clapet, que l'on relie au premier par une tige rigide, et qui a pour effet d'obliger celui-ci à se fermer, de façon à empêcher la chute ou l'entraînement des débris par l'eau du forage.

Dans quelques cas, on peut avoir recours à un mode d'épuisement plus expéditif. On fait une injection d'eau dans le trou, au moyen d'une pompe aspirante et foulante. Le tuyau de refoulement de l'eau descend jusqu'au bas du forage. On le munit d'une lance, et on le descend à proximité des sables qu'il s'agit de faire remonter à la surface. Par le jeu de la pompe, on envoie dans le fond du puits, un jet d'eau continu. Bientôt cette eau revient au haut du trou de sonde, entraînant les sables avec elle.

Louis Figuier

Cette méthode réussit toujours quand les matières à déblayer sont sableuses, ce qui malheureusement n'est pas fréquent.

CHAPITRE IV
LES DIFFÉRENTS SYSTÈMES DE FORAGE DU SOL.

Nous venons de décrire le mode de forage le plus usité, ainsi que les instruments qui servent, dans ce système, à attaquer le sol. Mais la méthode que nous venons de décrire n'est pas la seule. Il existe plusieurs autres procédés pour creuser la terre en vue de l'établissement d'un puits artésien. Nous croyons nécessaire, avant d'aller plus loin, de faire connaître et de comparer entre eux ces différents procédés.

Les principaux systèmes de forage qui ont été expérimentés de nos jours, sont, indépendamment du procédé habituel, que nous venons de décrire :

1° Le *système chinois*, ou *sondage à la corde*, qui consiste, comme nous l'avons vu, à faire agir par percussion un poids suspendu au bout d'une corde, et qui produit l'effet mécanique du *mouton* ;

2° Le *système prussien*, dans lequel des tiges en bois ferré sont unies aux tiges en fer, et où l'on fait usage d'un *débrayage* tout particulier ;

3° Le système de *sondage creux*, dans lequel une série de tiges creuses à vis, servent de guide à la corde qui soutient l'instrument percuteur ;

4° Le *système Fauvelle*, qui consiste à ajouter à la sonde creuse une pompe foulante, pour opérer, au moyen d'un courant d'eau, le retrait des débris.

Nous allons examiner sommairement ces diverses méthodes, en mettant en lumière leurs avantages ou leurs inconvénients.

Système chinois, ou *sondage à la corde*. — Lorsqu'on connut en Europe, la relation du père Imbert, d'après laquelle les Chinois creusaient des puits de 500 à 600 mètres, avec l'unique secours d'un poids en fer suspendu à une corde, bien des personnes furent frappées de la simplicité d'un tel procédé, et se mirent en devoir de l'appliquer dans notre pays. Un assez grand nombre d'essais furent entrepris ; mais ils réussirent peu, et si l'on obtint quelques succès, c'est parce que l'on sut borner l'application de ce système à une nature particulière de terrains. Ce qui ressort, en effet, des essais qui ont été faits du sondage à la corde, c'est qu'il ne saurait être généralisé, sous peine d'aboutir maintes fois à l'insuccès. Si les habitants du Céleste Empire atteignent ainsi des profondeurs de 500 et 600 mètres, c'est que les terrains de la région des puits de sel, en Chine, se prêtent merveilleusement à ce genre de sondage. Prétendre l'appliquer à toutes les formations géologiques, serait ne tenir aucun compte des leçons de l'expérience, et s'exposer à des déboires certains, en supposant même qu'aucun accident ne vînt entraver la marche du travail, et nécessiter l'intervention de la sonde rigide pour réparer le mal.

En 1834, un forage de 45 mètres fut exécuté à Roche-la-Molière, dans le bassin houiller de Saint-Etienne, par le système chinois. M. Grüner, ingénieur des mines, formula ainsi qu'il suit, son jugement sur ce système :

« 1° Les avantages du sondage à la corde sont incontestables pour les terrains que l'on peut traverser au ciseau, et pour les trous ayant au moins 40 ou 50 mètres de profondeur.

« 2° Le sondage avec des tiges est préférable lorsqu'il s'agit d'une profondeur de 20 à 30 mètres seulement (parce que le fonçage est plus rapide).

« 3° L'engin ordinaire peut très-bien être employé pour le sondage à la corde.

« 4° Au moyen d'une tige suspendue à la corde par un anneau tournant et munie d'un ciseau simple, on peut forer un trou parfaitement cylindrique. »

Un des avantages du sondage à la corde, réside dans l'économie d'outillage qu'il permet de réaliser. Mais cette économie est souvent illusoire, car s'il se produit des accidents, si le câble se rompt, ou si l'outil perforateur reste engagé dans le trou, par suite d'un éboulement, de deux choses l'une : ou bien il faut abandonner le forage commencé, faute de pouvoir réparer l'accident, et alors c'est une perte considérable de temps et d'argent ; ou bien il faut avoir en réserve une sonde rigide, des outils raccrocheurs, en un mot

Louis Figuier

tout le matériel de sondage ordinaire, et alors l'économie qu'on avait en vue disparaît complètement.

L'inconvénient principal du sondage à la corde, c'est de ne permettre que l'emploi des instruments rôdeurs. Or, il est une foule de circonstances dans lesquelles il faut pouvoir faire usage des instruments agissant par percussion. C'est précisément parce qu'il permet de faire usage à volonté, et selon les circonstances, des instruments rôdeurs ou percuteurs, que le système de forage que nous avons décrit est le plus en usage dans tous les pays.

Le sondage à la corde peut être, en résumé, employé, dans certains cas, avec succès. C'est aux sondeurs qu'il appartient de juger dans quelles circonstances il est susceptible d'être appliqué utilement.

Système prussien. — Le système prussien a pour but de pallier certains inconvénients inhérents à l'emploi de la sonde rigide, dans les forages de grande profondeur.

L'un des plus graves est celui-ci : à mesure que la profondeur du forage augmente, la longueur, et par conséquent le poids de la sonde, augmentent aussi ; de sorte qu'il arrive un moment où l'emploi du système percuteur devient extrêmement difficile. On ne peut cependant percer autrement les roches dures, et la sonde est ainsi exposée à se briser fréquemment. En outre, chaque fois qu'elle retombe, elle éprouve, sur toute sa longueur, un mouvement de trépidation qui la fait fouetter violemment contre les parois du sondage. Répété plusieurs milliers de fois par jour, durant l'espace de plusieurs mois, ce mouvement de fouet a nécessairement pour conséquence d'endommager les tuyaux de retenue, ou, si le trou n'est pas tubé, de produire des écoulements qui peuvent retenir l'outil et amener la rupture de la sonde, par suite des efforts tentés pour la retirer.

Il est évident que si l'on parvenait à rendre l'outil perforateur absolument indépendant du reste de la sonde, l'inconvénient que nous venons de signaler disparaîtrait. M. d'Œynhausen, conseiller des mines en Prusse, a résolu le problème par l'invention d'une coulisse qui porte son nom et qui fait le fond du système prussien.

CHAPITRE IV

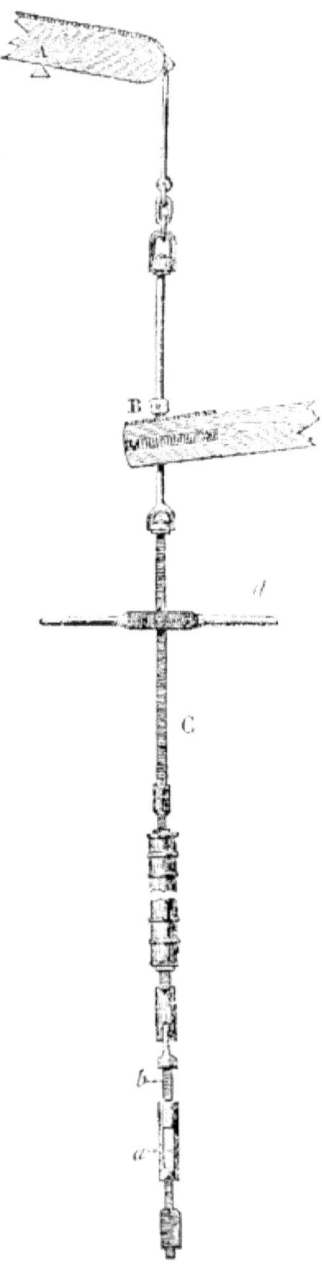

Fig. 358. — Sonde à coulisse d'Œynhausen.

Louis Figuier

Cette disposition consiste (*fig.* 358) en une tige de fer carrée, C, de 3 à 4 centimètres de côté, qui s'emmanche à vis avec les tiges supérieure B, et qui peut prendre un mouvement de va-et-vient dans une coulisse *a*, où elle est retenue par deux guides *c, d*, qui viennent butter alternativement à chaque extrémité. La longueur de la coulisse *a* est précisément égale à celle de la course de la sonde, ou à la hauteur de chute de l'instrument. Ceci posé, voici comment se fait la manœuvre de la sonde.

Prenons pour point de départ le moment où elle est descendue à fond. Dans cette situation, le haut de la coulisse repose sur les deux guides *c, d*, de la tige B, et ce sont ces guides qui supportent toute la partie inférieure de la sonde. Relevons maintenant le système entier. Rien de changé dans les positions respectives des pièces : elles ont remonté d'une certaine quantité, voilà tout. À présent, laissons retomber la partie supérieure de la sonde, que se produit-il ? La tige b glisse dans la coulisse *a*, et les deux guides descendent en occuper le fond. Alors la coulisse, n'étant plus retenue par en haut, tombe à son tour, avec l'outil perforateur qu'elle supporte, et son extrémité supérieure vient reposer sur les deux guides : c'est la position première. Ce jeu se continue indéfiniment.

On voit que, dans ce système, la chute de l'outil perforateur se produit indépendamment de celle de toute la partie supérieure de la sonde, celle-ci n'ayant d'autre fonction que de relever la partie inférieure.

L'ensemble des tiges forme un poids considérable, auquel on fait équilibre par un contre-poids suspendu à l'extrémité d'un balancier, A. Cette disposition est indiquée dans la figure.

Dans le but de rendre la sonde aussi légère que possible, on fait en bois ferré toutes les tiges situées au-dessus de la coulisse, et l'on réserve le fer, à l'exclusion de toute autre matière, pour la confection de celles qui se trouvent comprises entre la coulisse et l'instrument perforateur, ces dernières au nombre de six ou huit, tout au plus.

Le système prussien a rendu de grands services dans les sondages profonds ; aussi l'applique-t-on fréquemment en France et ailleurs, au moins dans ce qu'il a d'essentiel : la coulisse d'Œynhausen.

Système à sonde creuse et à corde. — Ce système, imaginé par MM. Degousée et Laurent, est fondé sur l'emploi d'une corde descendant à l'intérieur d'une colonne, qui imprime aux instruments un mouvement de rotation.

Fig. 359. — Degousée.

Une série de tiges creuses enveloppent la corde, et se meuvent dans le forage, comme les tiges ordinaires.

Ce système, disons-le, a trouvé peu de faveur. Comme l'explication de la manœuvre des instruments qu'il nécessite, nous entraînerait dans des détails fort arides, nous nous en abstiendrons, et nous nous bornerons à faire connaître les avantages de cette méthode, selon ses inventeurs, MM. Degousée et Laurent.

En premier lieu, la tige creuse étant suspendue et le travail s'accomplissant dans son intérieur, les parois du trou de sonde sont à l'abri des *coups de fouet*, et les éboulements deviennent très-rares. En outre, la multiplicité des colonnes de garantie ayant pour conséquence de réduire notablement le diamètre du sondage, ainsi que nous le verrons plus loin, l'application de ce système permet de conserver le trou de sonde aussi large que possible, attendu qu'il exigé moins de colonnes de garantie. En effet, nombre de terrains n'ont pas besoin d'être soutenus, et ils ne s'éboulent, la plupart du temps, que par le fait des tiges battant les parois du sondage pendant le va-et-vient de l'outil percuteur. Troisièmement, la sonde ne comportant pas plus de 20 ou 25 mètres de tiges rigides, dans les forages d'une grande profondeur, les chances d'accidents sont extrêmement réduites, parce que la faible longueur des tiges permet de leur donner beaucoup d'épaisseur et par conséquent de rendre les ruptures de sondes tout à fait exceptionnelles. Enfin, si l'on brise la corde en voulant dégager un outil pincé au fond du trou, il suffit, pour réparer l'accident, de remonter la sonde avec la tige creuse, dans l'intérieur de laquelle on trouve la corde cassée.

La méthode de forage que nous venons de décrire, avait été imaginée par MM. Degousée et Laurent, comme perfectionnement d'une autre méthode qui avait fait beaucoup de bruit, et qui était de l'invention d'un ingénieur de mérite, M. Freminville. Ici l'on avait voulu maintenir les parois du sondage à mesure que la profondeur augmentait. À cet effet, l'outil restait constamment attaché à la base d'une colonne de garantie, qui descendait avec lui.

Les tentatives faites pour mettre à exécution ce procédé étant restées sans succès, on dut y renoncer, et c'est à cette occasion que MM. Degousée et Laurent imaginèrent la méthode que nous venons de décrire.

La méthode des *sondages creux* de MM. Degousée et Laurent avait été approuvée par Arago, Humboldt et M. Combes. Les inventeurs en eussent généralisé l'emploi, si l'apparition du *trépan à chute libre* ou *déclic*, ne fût venue réaliser un progrès décisif, et détruire d'une façon plus complète les inconvénients de la sonde rigide à de grandes profondeurs.

Système Fauvelle. — Ce système fut beaucoup préconisé par Arago, qui en exposa le principe et les avantages devant l'Académie des sciences, dans la séance du 31 août 1846. Un premier essai fait peu de temps auparavant, sur la place Saint-Dominique, à Perpignan, avait été couronné d'un succès magnifique. Le forage, commencé le 1ᵉʳ juillet et poussé jusqu'à la rencontre d'une nappe jaillissante, située à 170 mètres de profondeur, était terminé le 23 du même mois. Déduction faite de trois dimanches et de six jours consacrés aux travaux d'installation, ce sondage n'avait demandé que 14 journées de 10 heures chacune, soit 140 heures de travail, ce qui représenterait à peu près 1^m, 20 de forage par heure. Ce résultat était d'autant plus remarquable qu'un autre forage, également entrepris à Perpignan, et continué jusqu'à la même profondeur, par les procédés ordinaires, avait exigé onze mois de travail.

L'emploi de l'eau, injectée dans une sonde creuse par une pompe foulante, pour ramener à la surface du sol tous les détritus produits par l'instrument perforateur, pour opérer, en un mot, la vidange complète du trou de sonde, voilà ce qui constitue l'originalité et le caractère distinctif du système Fauvelle.

L'appareil se compose d'une sonde creuse, formée de tuyaux vissés bout à bout, et terminée par l'outil rôdeur ou percuteur, suivant les cas. Le diamètre de cet outil est plus grand que celui de la sonde, afin qu'il reste, entre les tubes et les parois du trou de sonde, un espace annulaire par lequel puissent remonter l'eau et les débris qu'elle entraîne. L'extrémité supérieure de la sonde communique avec une pompe foulante par quelques mètres de tubes articulés qui suivent la sonde dans tous ses mouvements :

« Lorsqu'on veut faire agir la sonde, dit Arago, on commence toujours par mettre la pompe en mouvement ; on injecte jusqu'au fond du trou, et par l'intérieur de la sonde, une colonne d'eau qui, en remontant dans l'espace annulaire compris entre la sonde et les parois du trou, établit le courant ascensionnel qui doit entraîner les déblais ; on fait alors agir la sonde comme une sonde ordinaire, et, à mesure qu'il y a une partie détachée par l'outil, elle est à l'instant entraînée dans un courant ascensionnel. »

Il résulte de cette manière de procéder, qu'il devient inutile de remonter la sonde pour nettoyer le trou, puisque la vidange se fait automatiquement à l'aide de l'eau injectée dans le forage ; donc, économie très-notable de temps. Autre avantage important : la base de l'outil perforateur étant constamment dégagée de tous les débris qu'on laisse s'accumuler d'ordinaire pendant un certain temps, les difficultés du travail se trouvent réduites dans une énorme proportion. En outre, il y a peu d'éboulements à craindre, la sonde agit avec la même efficacité aux profondeurs les plus diverses, et, par cela même qu'elle est creuse, elle résiste mieux à la torsion qu'une sonde massive, à volume égal, sa résistance à la traction étant aussi considérable.

Toutes ces considérations militent fortement en faveur du système de M. Fauvelle. Cependant les praticiens ont exprimé contre ce procédé des critiques qui ne sont pas sans valeur.

Qu'arrivera-t-il, a-t-on dit à l'inventeur, lorsque vous rencontrerez, dans le cours de votre sondage, un ou plusieurs courants d'eau ? Il est évident que, dans ce cas, les déblais seront déviés de la base du forage par la force du courant, qu'ils ne pourront être entraînés jusqu'à la surface du sol, qu'ils s'amasseront dans le trou de sonde et qu'ils paralyseront tous les mouvements de l'outil.

Qu'arrivera-t-il, lui a-t-on dit encore, si vous avez à traverser une nappe ascendante, non jaillissante ? L'eau que vous injecterez dans le forage sera absorbée par cette nappe, et les détritus ne parviendront pas en haut du puits. De plus, l'eau injectée dans le trou de sonde devant être animée d'une notable vitesse, pour remonter les débris jusqu'au sol, il faut absolument donner à toutes les parties de l'appareil de vastes proportions, dès que le sondage atteint seulement 25 ou 26 centimètres de diamètre : de là des dépenses fort élevées.

Ces objections étaient fondées, on en eut bientôt la preuve. M. Fauvelle, ayant commencé un sondage à Paris, près de la gare de Saint-Ouen, ne put le pousser au-delà de la première nappe d'eau, située à 20 mètres de profondeur. Et pourtant il avait obtenu, et il obtint plus tard encore, de nombreuses réussites dans le bassin de Perpignan. C'est que les terrains de cette localité, éminemment sableux, se prêtaient parfaitement à l'emploi de cette espèce de lavage continu, tandis que dans d'autres terrains plus profonds, et qui changeaient de composition, cette méthode ne devenait plus applicable.

En faut-il davantage pour démontrer que les modes de sondage doivent varier suivant les formations qu'on exploite, et que tel système, habilement combiné pour donner les meilleurs résultats dans des terrains d'une nature particulière, est condamné à échouer dans des terrains d'une autre texture ?

Reprenons notre description de l'établissement d'un puits artésien.

CHAPITRE V

LES ACCIDENTS DES SONDAGES. — OUTILS QU'ON EMPLOIE POUR
Y REMÉDIER. — RACCROCHEURS. — ARRACHE-SONDE.

Bien des accidents viennent entraver l'opération des sondages ;
on n'en finirait, point si l'on voulait les énumérer tous. Il en est
même qui surviennent en dehors de toutes les prévisions, et qu'il
serait conséquemment impossible de consigner d'avance. D'après
cela, sans vouloir entreprendre une tâche qui serait oiseuse autant
qu'ingrate, nous nous bornerons à donner quelques exemples des
accidents les plus fréquents, et à décrire les outils qu'on emploie
pour y remédier.

Comme le sondeur ne peut se flatter d'arriver sans encombre à la
fin de son travail, il doit prendre ses précautions en prévision des
accidents possibles. Il doit noter scrupuleusement les dimensions
des moindres pièces qui descendent dans le puits, et en prendre
même le dessin coté. S'il n'agit point ainsi, il demeure dans une
grande incertitude sur la nature et les proportions de l'instrument
qu'il doit employer pour le retrait des tiges ou des outils brisés. Il
est même exposé à en laisser des fragments dans le trou de sonde,
croyant avoir tout remonté.

Lorsqu'un outil ou une tige se rompt pendant le travail, il est rare
que les ouvriers ou les contre-maîtres exercés ne s'en aperçoivent
pas immédiatement. Alors on marque sur la sonde, au ras du sol,
un trait indiquant la profondeur atteinte au moment de la rupture,
et l'on connaît ainsi le point précis où l'on doit descendre l'outil
raccrocheur, pour saisir la partie restée dans le trou.

Les deux outils *arrache-sonde* les plus fréquemment employés
sont la cloche à vis et la caracole.

La *cloche à vis* (*fig.* 360) est un tronc de cône A, fileté à l'intérieur
et évidé en B pour l'expulsion des débris qui pourraient s'y
introduire. Plus étroite au sommet que le corps de la tige cassée,
elle est plus large à la base que les emmanchements de la même tige.
Supposons que l'outil rompu que l'on cherche se tienne à peu près
verticalement dans le trou de sonde ; il suffira d'adapter la cloche à
vis au bout de la portion retirée, et de la descendre jusqu'à ce qu'elle
vienne coiffer la tige brisée. Si l'on imprime alors un mouvement

Louis Figuier

de rotation à cet outil, la partie filetée, A, se vissera fortement sur le bout cherché, et le remontera, quel que soit son poids.

Pour faire descendre jusqu'à l'obstacle cet outil chercheur, on le visse au moyen de la partie filetée, G, à l'extrémité de la première tige de sonde.

Fig. 360. — Cloche à vis.

CHAPITRE V

Dans le cas où le diamètre du trou de sonde serait beaucoup plus grand que celui de la cloche, il y aurait à craindre que celle-ci ne passât à côté de la tige brisée sans la rencontrer. On y ajoute alors un entonnoir en tôle, représenté dans notre dessin par les lettres CDEF, suffisamment large pour emprisonner la tige, dans quelque endroit du puits qu'elle se trouve. Cet entonnoir est coupé obliquement à sa partie inférieure, de manière à déplacer facilement le morceau en souffrance, s'il est appliqué contre les parois du forage. Si ce morceau est court et incliné dans le trou, l'entonnoir agit encore efficacement pour le redresser et le faire prendre par la cloche.

Lorsque la tige cassée est couchée obliquement dans le trou du forage, et que son extrémité supérieure est engagée dans une excavation latérale, il est impossible de la repêcher directement à l'aide de la cloche à vis ; on se sert alors de la *caracole*. L'instrument que l'on désigne ainsi se compose d'une forte tige, terminée inférieurement par un fer à cheval, qui vient prendre la tige sous l'un de ses épaulements, et la soulève ainsi jusqu'au haut du trou de sonde, si les circonstances sont favorables, c'est-à-dire si la partie située au-dessus de l'épaulement saisi n'offre qu'une médiocre longueur. Dans le cas contraire, il est probable que cette partie butterait contre toutes les saillies des parois, et empêcherait le retrait de la tige. On substitue donc la cloche à vis à la caracole, dès que celle-ci a ramené la tige dans l'axe du trou de sonde.

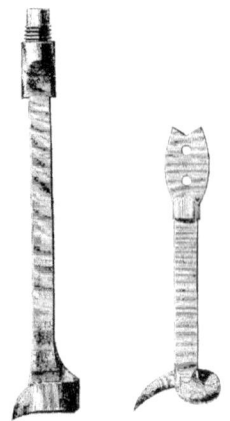

Fig. 361 et 362. — Caracoles.

Louis Figuier

Nous représentons ici deux modèles de caracole (*fig.* 361 et 362). Cet instrument est fréquemment employé, à cause de la simplicité de sa construction et de l'avantage qu'il possède de pouvoir être retiré, lorsque la prise a été mal faite. Il est vrai que cet avantage constitue, en même temps, un inconvénient, puisqu'en raison même de son déplacement facile, la caracole laisse quelquefois échapper l'objet saisi. Aussi ne l'emploie-t-on, dans bien des cas, que pour préparer le travail de la cloche à vis.

Fig. 363. — Cloche à deux galets.

CHAPITRE V

Pour retirer une tige qui ne présente aucune saillie, on se sert de la *cloche à deux galets*, dont le principe est celui-ci : deux galets poussés l'un vers l'autre par des ressorts, et laissant entre eux un espace dans lequel s'engage la tige. Lorsqu'on soulève l'instrument, les galets mordent la tige, et l'étreignent d'autant plus vigoureusement qu'elle résiste davantage. La *cloche à deux galets* est utilement employée dans les sondages de grand et de moyen diamètre. Dans la figure qui représente cet outil, les galets sont indiqués par les lettres T, T, et la tige par la lettre R.

La *cloche à clapets* est fondée sur un principe analogue. Au lieu d'être prise entre des galets, la tige se trouve pincée entre deux clapets. Cet instrument doit avoir un grand diamètre pour offrir des conditions suffisantes de solidité.

Pour ramener une cuiller arrêtée au fond du forage, on n'a besoin que d'un crochet simple ou double, attaché, soit à la sonde, soit à une corde.

Si une corde s'est rompue et que l'instrument qu'elle soutient n'ait pas pénétré profondément dans le trou de sonde, on retire facilement le tout, au moyen d'une espèce d'hameçon qui s'accroche dans une boucle du cordage et la retient d'autant plus fortement que la traction exercée est plus considérable (*fig.* 364).

Inutile d'insister sur le fonctionnement de la *gueule de brochet* (*fig.* 365) ; il est suffisamment expliqué par le dessin ; Cet instrument sert pour le retrait des lames de trépan ou autres objets analogues. L'écartement des deux branches dentelées, à l'état de repos, est nécessairement moindre que l'épaisseur de la pièce à remonter : sans quoi le pinçage ne se ferait pas.

Dans la *pince à vis*, une vis se termine inférieurement par un cône, qui appuie en descendant sur une branche pour forcer l'extrémité de cette branche à se rapprocher de l'extrémité de l'autre branche. Il suffit donc de tourner la vis dans un certain sens pour pincer la tige ou l'outil à repêcher. Pendant la descente, un ressort tient écartées les deux branches de l'instrument.

Louis Figuier

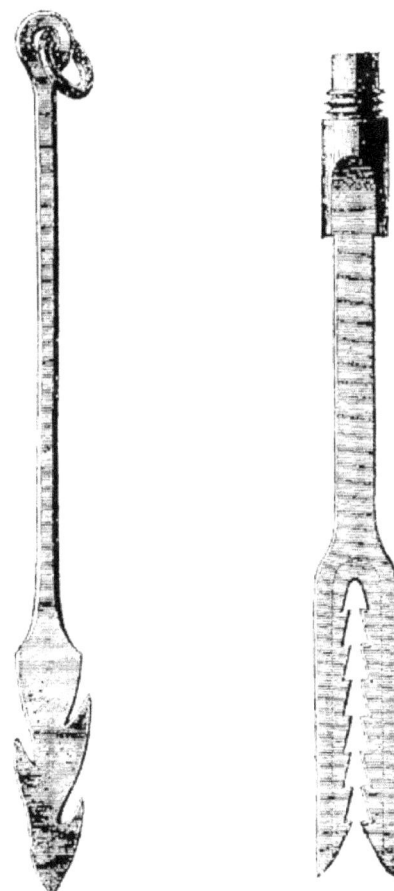

| Fig. 364. Hameçon pour retirer une corde. | Fig. 365. Gueule de brochet. |

Fig. 366. — Pince à encliquetage.

La *pince à vis* est d'une exécution difficile, et, de plus, elle coûte cher à établir ; c'est pourquoi on lui substitue souvent la *pince à encliquetage* (*fig.* 366). Celle-ci se compose de deux tiges de fer faisant ressort et soudées en C à la tige droite, A. Une bague, D, les enserre, et, glissant de haut en bas, comme la virole d'un porte-crayon, les contraint à se rapprocher pour saisir l'objet cherché. Les dentelures qu'on remarque sur les deux branches ont pour but d'empêcher la bague de remonter, lorsque la pièce à retirer oppose une grande résistance.

Le *taraud* est réservé pour les grandes profondeurs, lorsque le diamètre du sondage, devenu trop petit, ne permet plus l'introduction des instruments précédents. On descend alors une mèche, surmontée d'un *taraud*, c'est-à-dire de la pièce d'acier qui est employée dans les ateliers mécaniques pour exécuter les pas de vis femelles. On perce un trou de mèche, dans le bout de la tige ou de l'outil cassé ; ensuite le taraud y pénètre, trace quelques filets, et ramène l'objet.

Dans leur chute au fond du sondage, les tiges et les outils, non-seulement se brisent en plusieurs morceaux, mais se déforment, d'une manière plus ou moins sensible, et les instruments raccrocheurs doivent être modifiés en conséquence. Mais comment connaître les nouvelles formés affectées par les objets perdus ? En allant prendre leur empreinte au fond des puits.

Pour exécuter cette opération, on se sert de la cloche avis que nous avons représentée plus haut (*fig.* 360) garnie de son entonnoir, dans lequel on introduit la matière à empreinte. Cette matière se compose, soit de suif, soit d'un mélange de cire et de suif, soit d'argile plastique, pétrie avec du chanvre haché. Les choses étant convenablement disposées st la surface d'empreinte présentant une légère convexité, on descend lentement la cloche ; dès qu'un petit contact a eu lieu, on relève la sonde et on examine l'empreinte. Si l'on ne se trouve pas suffisamment renseigné, on recommence jusqu'à ce qu'on ait une connaissance suffisante des modifications subies par les pièces tombées ; on peut alors procéder avec assurance à la confection des outils raccrocheurs.

Nous terminerons là le chapitre relatif aux accidents qui se produisent pendant les opérations du sondage. Il y aurait encore

CHAPITRE V

beaucoup à dire sur ce sujet ; mais nous devons savoir nous renfermer dans les limites que comporte cette Notice.

CHAPITRE VI

LES COLONNES DE RETENUE. — LEUR POSE ET LEUR EXTRACTION.

Pendant l'exécution d'un forage, il est nécessaire, au fur et à mesure du travail, de garnir les parois des puits d'un revêtement résistant, qui prévienne les éboulements et l'obstruction du trou. Les *tuyaux de retenue*, ou *colonnes de garantie*, ont donc pour but de maintenir les terrains sans consistance, et de s'opposer ainsi à l'obstruction du trou de sonde par les éboulements qui arrivent fréquemment dans les couches meubles, les sables, les marnes, les argiles, etc.

Ces tuyaux se font en bois ou en tôle. Les tuyaux de retenue en bois étaient autrefois les seuls en usage. On leur donnait la forme quadrangulaire, ou hexagonale, et on armait la base de la colonne, d'un sabot en fer à quatre ou six branches, rivées solidement sur les faces de la caisse. On chassait ces tubes de bois dans le trou de sonde au moyen du *mouton*.

Les tubes en bois sont aujourd'hui d'un usage très-restreint, comme colonnes de garantie, attendu qu'ils s'enfoncent moins facilement que les tubes en fer. Cependant ils sont encore conservés en certains pays.

On trouvera la description de l'établissement d'une colonne de garantie en bois, dans un ouvrage remarquable, qui fit longtemps autorité sur la matière, dans le *Traité des puits artésiens* de F. Garnier,[1] livre qui a longtemps servi de guide aux constructeurs et ingénieurs pour l'art du forage. L'ouvrage de MM. Degousée et Laurent, publié postérieurement, lorsque l'art du sondage a pris de grands développements, a remplacé le traité classique de Garnier, par suite de la marche naturelle du progrès.

---

1 *Traité sur les puits artésiens ou sur les différentes espèces de terrains dans lesquels on doit rechercher des eaux souterraines*, par F. Garnier. Paris, 1826, in-4, avec planches.

Louis Figuier

Nous ne reproduirons pas les détails dans lesquels F. Garnier entre sur la fabrication des *coffres de bois*, c'est-à-dire de ce que l'on nomme aujourd'hui les *colonnes de garantie*. Les tuyaux de bois ont été conservés pour fabriquer les tubes d'ascension des eaux artésiennes. C'est donc en parlant de l'établissement de ce tubage définitif en bois, que nous entrerons dans quelques détails sur le mode de fabrication et d'enfoncement de ce genre de tuyaux.

C'est avec des tubes de tôle que l'on établit aujourd'hui les colonnes de garantie. La tôle doit être d'excellente qualité, pouvant fléchir ou se bossuer, mais non se déchirer. L'épaisseur du métal doit s'accroître proportionnellement au diamètre des tuyaux ; elle est calculée de telle sorte que ceux-ci ne se déforment point sous l'effort d'une pression normale.

Les tubes de tôle sont introduits dans le trou du forage par longueurs de 6, 7 et 9 mètres. Il faut raccorder ces diverses fractions les unes avec les autres. Ce raccordement s'accomplit au moyen de manchons également en tôle, et dans lesquels les tubes sont posés bout à bout sur la même ligne verticale, comme le représente la figure 367.

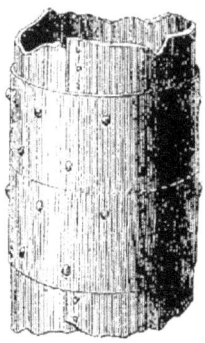

Fig. 367. — Tuyau muni de son manchon.

La hauteur des manchons est proportionnée au diamètre des tuyaux ; plus elle est grande, plus la jonction est facile et solide. Chaque manchon est rivé par moitié sur les deux bouts de tuyaux qu'il a pour fonction de réunir, lorsque ceux-ci sont descendus à une petite profondeur dans le sondage. Cette opération s'exécute comme nous allons le décrire.

Fig. 368. — Tubage d'un puits.

Louis Figuier

ABCD (*fig.* 368) est l'excavation par laquelle on a commencé le sondage, et sur laquelle repose la chèvre. EE, est un plancher de manœuvre, sur lequel se tiennent les hommes chargés de la conduite et de la surveillance du travail ; HH, un second plancher, soutenu par deux madriers solidement fixés, et situé aussi bas que possible à l'intérieur de l'excavation ; enfin TT est un troisième plancher établi dans la chèvre. On descend un premier bout de tuyau dans le puits, en le prenant par le haut, au moyen d'un collier en fer, ou simplement à l'aide d'un cordage passé sous le manchon, et par lequel on tient le tube suspendu verticalement. Le manchon étant arrivé à 50 ou 60 centimètres du plancher EE, on arrête le tuyau au moyen du collier L, qui le serre comme un étau. Le chef sondeur descend alors sur le plancher inférieur HH, et s'occupe, conjointement avec un ouvrier resté sur le plancher de manœuvre, EE, d'obtenir une parfaite verticalité du tube. À cet effet, il observe attentivement la direction d'un fil à plomb *a* tenu par l'ouvrier, et il indique à celui-ci de quel côté et dans quelle proportion il doit pousser le collier L, pour que le tuyau soit dans un plan bien vertical. L'opération est ensuite répétée pour une génératrice du tube diamétralement opposée à la première. Le chef sondeur, s'étant ainsi assuré que le fil à plomb A rase le tuyau sur toutes ses faces, ordonne à l'ouvrier de fixer le collier L, à l'aide de quatre tasseaux préparés d'avance.

On procède absolument de la même façon pour poser le second tuyau M qui doit venir s'emboîter dans le manchon K, à la suite du premier ; c'est dans ce but qu'est établi le troisième plancher HH.

Il est important de ne négliger aucune des précautions que nous venons d'indiquer. Si l'on s'en écarte, on court le risque de réunir les bouts de tuyaux obliquement l'un par rapport à l'autre.

La position de deux tubes consécutifs étant parfaitement assurée, il reste à river le manchon sur chacun d'eux, afin de donner à l'ensemble une solidité à toute épreuve. Les trous de jonction, préalablement percés, étant placés bien exactement l'un vis-à-vis de l'autre, on descend successivement les rivets en regard de chaque trou. Ces rivets sont en fer doux, à tête plate, et se terminent par un crochet qui sert à les mettre en place.

Il peut arriver qu'on se trouve contraint d'agrandir le diamètre d'une colonne, lorsqu'il est impossible d'en faire exécuter une neuve, dans le pays où se pratique le sondage. On y parvient aisément en ôtant les rivets de la colonne, et en fermant l'intervalle qui sépare les bords par des bandes de tôle, préalablement cintrées selon la courbure voulue, puis abattues longitudinalement en chanfrein. Pour empêcher les rivets de tomber dans le trou de sonde pendant l'opération du dérivage, on laisse glisser dans l'intérieur du tuyau, au moyen d'une ficelle, un petit panier en corde, dans lequel sautent les rivets chassés par le poinçon.

La descente des colonnes de garantie se fait au fur et à mesure de l'avancement du forage. Elle ne s'exécute pas sans efforts, surtout dans les terrains empâtés, tels que les marnes et les argiles. Pour les forcer à descendre, on agit sur elles par pression ou par rotation, suivant les cas.

Le premier mode, c'est-à-dire l'*enfoncement*, consiste à faire descendre les tuyaux au moyen d'un mouton en fonte ou en bois, pesant environ 250 kilogrammes, et dont la hauteur de chute est d'environ 2 mètres. Un tampon en bois d'orme D (*fig.* 369) entre en partie dans le premier tube C, tandis que son sommet élargi B dépasse le tube. C'est sur cette tête de Turc que frappe le mouton A, qu'on laisse tomber à la manière ordinaire d'une hauteur variable selon la pression qu'il s'agit d'exercer.

On enfonce de cette manière des colonnes d'une longueur médiocre ; mais dès qu'elles sont un peu longues, il faut avoir recours à d'autres moyens. On comprend en effet que, dans ce cas, le choc ne peut plus se transmettre à l'extrémité de la colonne, et qu'il n'ait d'autre résultat que d'ébranler les jonctions, ou de produire çà et là des affaissements fâcheux.

On emploie alors un système de vis de pression qui exercent une action continue, et très-énergique, sur la colonne tout entière. Voici en quelques mots la description de l'appareil.

Louis Figuier

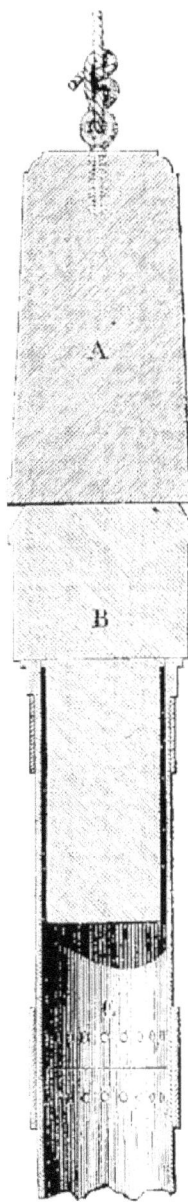

Fig. 369. — Descente d'une colonne de garantie au moyen du
mouton.

CHAPITRE VI

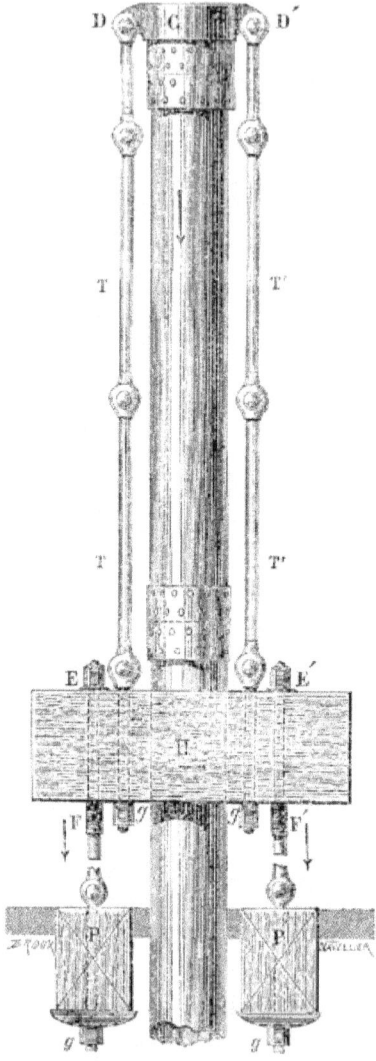

Fig. 370. — Appareil à vis pour enfoncer les tuyaux de retenue.

À l'extrémité supérieure de la colonne est placé un manchon, C, à oreilles (*fig.* 370) qui repose à la fois sur le manchon précédent qui est attenant au tube et sur le tube lui-même. Aux oreilles D, D' sont des écrous supportant par les tringles verticales T, T', deux solides

Louis Figuier

étriers E, E′, et ces étriers supportent à leur tour un collier H, qui se compose de deux pièces de bois dur. La colonne de retenue passe dans l'intérieur de ce collier, lequel est relié à deux pièces de bois P, P′, solidement fixées sous le plancher de manœuvre, par deux vis filetées, g, g, qui s'adaptent dans les chapes de deux boulons traversant chacune des pièces P, P′ de part en part. Les vis F, F, se terminent au-dessus du collier par des écrous i, i qui sont, pour ainsi dire, l'âme de l'appareil.

En effet, si l'on tourne ces écrous à l'aide de clefs, ils appuient sur des plaques en fer forgé qui recouvrent le collier H, et par suite sur le collier lui-même qui s'abaisse nécessairement, les pièces de bois P, P étant immobiles. Mais ce collier est rattaché au manchon C, par les tiges T, T′ qui pendent des oreilles, et ce manchon appuie lui-même sur la colonne. Les tuyaux doivent donc être entraînés dans le mouvement de descente du collier, et pénétrer aussi dans le puits en forçant ses parois.

Ce système permet seul de vaincre les grandes résistances. Il a, d'ailleurs, l'avantage de laisser la colonne de tubes complètement libre à l'intérieur pendant la descente. On peut donc y faire manœuvrer les instruments propres à dégager la base des tubes, et par conséquent à accélérer le travail.

Malgré tous les efforts, il arrive assez souvent qu'une colonne de garantie refuse de descendre jusqu'à la limite inférieure des terrains qu'elle doit maintenir, quoique le trou de sonde ait été tout fraîchement alésé au calibre voulu. Cela provient, ou de ce que les terres se sont éboulées pendant l'ajustage de la colonne, ou de ce que la colonne elle-même a dégradé les parois du sondage, ou bien de ce qu'elle est arrêtée par un fragment de roche faisant saillie dans l'intérieur du forage. Suivant le cas, on fait manœuvrer la cuiller ou un outil élargisseur, pour déblayer les obstacles qui s'opposent à la descente. Si l'obstacle résulte de l'accumulation de débris non résistants, on nettoie le trou au moyen de la cuiller à soupape ou d'une tarière, et la colonne s'abaisse par son propre poids, à mesure que s'opère l'extraction des matières. Si le débris est, au contraire, très-résistant, on fait descendre un outil élargisseur, qui détruit le fragment solide, cause de l'arrêt de la colonne.

Quand cet obstacle avance beaucoup dans l'intérieur du trou

de sonde, on commence par l'entamer avec le trépan, puis l'outil élargisseur achève la besogne.

Il y a deux sortes d'outils élargisseurs : ceux qui agissent par rotation, et ceux qui sont mus par percussion. On réserve les premiers pour les couches très-tendres et peu profondes ; on emploie les seconds dans les terrains solides, ou lorsque les tiges ne peuvent supporter l'effort de la torsion.

Le cadre de cette Notice ne nous permet pas d'entrer dans l'examen des outils élargisseurs ; d'ailleurs ces descriptions n'offriraient qu'un médiocre intérêt. Disons seulement que leurs formes sont variées et appropriées chacune aux circonstances diverses qui se présentent dans les sondages.

Dans les forages profonds, on se trouve souvent en présence de ce fait : La sonde a traversé une longue suite de terrains solides et n'exigeant aucune colonne de garantie, 100 ou 200 mètres, par exemple ; après quoi, elle attaque une couche éboulante, plus ou moins épaisse, donnons-lui 25 mètres pour fixer les idées. En cette circonstance, on a quelquefois recours à un mode de tubage, dit *tubage en colonne perdue*, qui consiste à descendre dans la couche éboulante, une colonne de 25 mètres de long, et à laisser sans tubes de retenue les 200 mètres des terrains supérieurs. On réalise ainsi une notable économie de tuyaux ; mais les colonnes perdues ont tant d'inconvénients, qu'il vaut souvent mieux, même au point de vue de la dépense, descendre dans le forage une colonne entière de 225 mètres.

Pour descendre une *colonne perdue*, on rive à son extrémité supérieure, un manchon aussi épais que possible, qui porte deux entailles longitudinales où viennent se fixer les oreilles d'un outil introduit dans la frette. L'outil et la colonne étant solidement adaptés l'un à l'autre, on laisse filer le tout avec la sonde. Lorsque la colonne est arrivée à destination, on tourne l'outil dans un certain sens pour le dégager des entailles qui le retiennent prisonnier, et on le remonte.

On emploie les *colonnes perdues* dans les argiles, les marnes et les sables très-gras. Elles y descendent très-bien ; et si elles sont arrêtées dans leur mouvement, il suffit de mettre en œuvre une cuiller ou un outil élargisseur, pour qu'elles soient entraînées par

Louis Figuier

leur propre poids.

Toutefois l'opération exige toujours beaucoup d'attention et d'expérience. Dans les sables fluides et remontants, ce mode de tubage doit être absolument écarté, en raison des accidents auxquels il donne lieu, et dont le plus grave est l'arrêt absolu de la colonne par les sables qui s'élèvent dans le sondage et retombent derrière les tuyaux. Dans ce cas, non-seulement la colonne ne peut être chassée plus loin, mais on éprouve les plus grandes difficultés à la retirer. Il y a donc économie réelle à n'employer les colonnes perdues que dans les circonstances où leur descente peut s'effectuer sans difficultés. Ce n'est guère que vers la fin d'un forage, alors que le travail sera terminé dans quelques jours, qu'il convient d'appliquer ce mode de tubage.

Lorsqu'un sondage est terminé, que la nappe jaillissante a été atteinte et qu'il ne s'agit plus de poser le tuyau qui doit servir à l'ascension de l'eau, il faut retirer du puits les tubes de garantie dont il vient d'être parlé. Il serait, en effet, inutile de laisser dans le forage des tubes qui feraient double emploi avec le tuyau d'ascension, et qui peuvent être utilisés ailleurs. On ne conserve que les parties des tubes de retenue qui retiennent des terrains très-éboulants, lesquels pourraient presser la colonne d'ascension et y produire des avaries.

Bien souvent aussi, dans le cours d'un sondage, on se trouve contraint de retirer une colonne de garantie, soit parce qu'elle refuse de descendre et qu'il faut la remplacer par une autre, d'un moindre diamètre, soit par suite de tout autre accident. Cette opération, qu'il nous reste à décrire, offre parfois autant de difficultés que la descente des colonnes.

Pour retirer une colonne de garantie, on agit de différentes façons, suivant la résistance qu'elle oppose à la traction. On la saisit et on la retire par sa partie supérieure, ou par sa base ; ou bien on l'attaque à la fois par le haut et par le bas. Dans les cas les plus difficiles, on se résigne à la couper çà et là, et à l'arracher par morceaux.

Les nombreux engins employés pour accomplir cette besogne, ont reçu le nom d'*arrache-tuyaux* et de *coupe-tuyaux*.

Pour extraire une colonne par son extrémité supérieure, on se contente d'y amarrer solidement des cordages, qu'on tire ensuite au moyen du treuil ou de leviers.

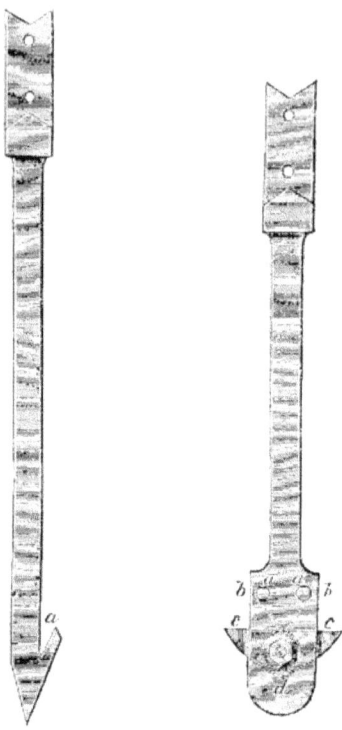

Fig. 371. Arrache-tuyau.	Fig. 372. Arrache-tuyau à crochets mobiles.

L'arrache-tuyau le plus simple, pour prendre une colonne par la base, consiste en un crochet *a* (*fig.* 371), qu'on secoue de façon à l'engager entre la paroi du tuyau et celle du sondage. Il a l'inconvénient de ramener la tôle vers le centre de la colonne par l'effort de la traction, et de le déformer d'une manière fâcheuse.

La figure 372 représente un instrument composé de deux crochets, *c, c*, mobiles autour d'un même axe. Lorsqu'il descend, les crochets se relèvent en *bb* ; mais, arrivés au-dessous de la colonne, ils retombent, et en remontant accrochent la tôle. Cet instrument ne doit être employé qu'avec la plus grande réserve ; car il ne peut être remonté, si la colonne résiste à la traction.

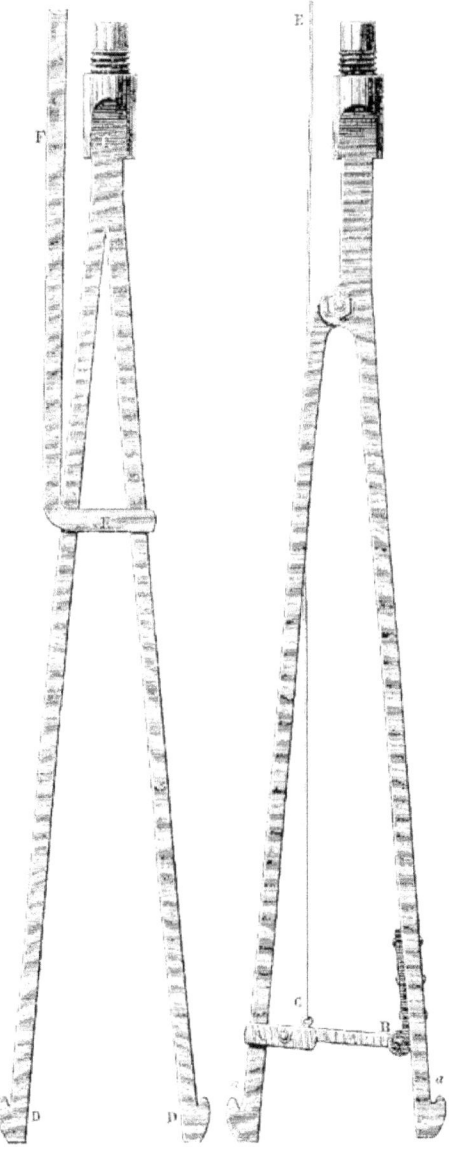

Fig. 373. Arrache-tuyau à deux branches.	Fig. 374. Autre arrache-tuyau à deux branches.

Le suivant (*fig.* 373) a le même défaut : il consiste, comme on voit, en deux tiges C, D qui, descendues sous la colonne, s'écartent par leur propre élasticité, et saisissent la tôle à l'aide des crochets D D qui les terminent. Lorsque le diamètre de la colonne le permet, on y introduit une bague E, terminée par une tige F. Si la colonne refuse de remonter, on peut néanmoins retirer l'arrache-tuyau, dont on ferme les branches à l'aide de la bague E.

L'outil représenté par la figure 374 est fondé sur le même principe que le précédent : on en comprend aisément la manœuvre. La traverse AB, mobile autour du point B, tient les deux tiges écartées, pour permettre aux crochets *a, a'* de saisir la base de la colonne. Lorsqu'on veut les rapprocher et ramener l'instrument au sol, il suffit de tirer la tige CE.

Les *coupe-tuyaux* consistent en des tiges terminées par des lames tranchantes ou par une lime en acier. On les emploie lorsque les colonnes opposent à la traction une résistance telle que les instruments ordinaires déchireraient la tôle sans l'arracher. On fait alors un certain nombre de sections dans la colonne, et l'on retire successivement les différentes longueurs de tuyaux.

CHAPITRE VII

LES TUBES D'ASCENSION. — BÉTONNAGE DU TUYAU. — POSE DU TUYAU.

Le forage étant terminé et la nappe jaillissante rencontrée, il faut s'occuper de poser le *tuyau d'ascension* de l'eau, c'est-à-dire le tube définitif destiné à recevoir les eaux artésiennes, et à les conduire à leur niveau d'écoulement, à la surface du sol.

Le cuivre et le bois sont employés à peu près exclusivement pour la confection des tuyaux d'ascension. Ces matières présentent seules les garanties de durée indispensables pour la continuité et la constance de l'écoulement des puits artésiens.

Les tubes en bois se conservent indéfiniment sous l'eau : ils constituent donc les meilleurs tubes d'ascension. Ils doivent être en bois de chêne, d'aune ou d'orme. Ils sont rattachés entre eux par emboîtement, et la ligne de jonction est garantie par un manchon ou frette en tôle, fixée avec des vis à bois, comme le représente la figure 375. Une armure en fer les protège à la base, et facilite leur descente au fond du trou de sonde. Pour les enfoncer, on frappe dessus avec un mouton, ou l'on fait intervenir une forte pression.

Fig. 375. — Tube de bois pour les eaux des puits artésiens.

CHAPITRE VII

Les tubes de cuivre rouge s'assemblent, comme les tuyaux de retenue, au moyen de manchons et de rivets, mais avec de plus grandes précautions : les frettes et les parties correspondantes des tubes sont étamées et soudées après leur réunion. Quelquefois l'emmanchement se fait par des manchons à vis en bronze, mais seulement pour les petits diamètres, à cause du surcroît de dépenses qu'il entraîne. Ces tubes n'ayant à subir aucune pression, puisqu'ils sont protégés par les colonnes de garantie dans les couches éboulantes, on ne leur donne qu'une faible épaisseur (1 millimètre et quart à 2 millimètres), excepté dans les grandes profondeurs, où l'on va jusqu'à 3 millimètres. On tire de là l'avantage de ne pas réduire beaucoup, par le tubage, le diamètre du trou de sonde.

Avant de descendre ce tubage, il est indispensable d'en garnir la base, afin que l'eau de la nappe ascendante ou jaillissante ne puisse s'élever entre les parois du tube et celles du sondage. Il y a là, à cet effet, un espace vide destiné à recevoir une coulée de béton. Le meilleur moyen d'intercepter le liquide en cet endroit, consiste à munir la base de la colonne d'un tronc de cône en métal ou en bois, dont le sommet regarde le fond du forage, et dont la partie supérieure forme autour du tuyau une saillie qui sert d'assise au béton. Si la nature des terrains le permet, on donne à ce tronc de cône une grande longueur, et l'on alèse également en tronc de cône, mais à des dimensions un peu moindres, la base du sondage, de façon que le manchon se rode dans le fond, comme le bouchon à émeri d'un flacon. Si la colonne est en cuivre, on doit bien se garder de la chasser à coups de mouton ; on la fait descendre en tournant à droite ou à gauche, ou bien, ce qui est préférable, au moyen de l'appareil à vis de pression que nous avons représenté plus haut.

La colonne d'ascension étant bien fixée à la place qu'elle doit occuper, on procède au *bétonnage*, la dernière opération et l'une des plus importantes, puisque c'est d'elle surtout que dépend la solidité du tubage. On jette d'abord dans l'espace annulaire réservé autour de la colonne, quelques litres de petit gravier, et aussitôt après, deux ou trois litres d'un ciment assez liquide, mélangé de limaille de fer ou de fonte. Les ciments romains fabriqués en Champagne et ceux, dits Portland, qu'on tire de Boulogne-sur-mer donnent d'excellents résultats. On peut employer aussi tout simplement de bonne chaux hydraulique.

On continue à verser le ciment, en ajoutant progressivement du sable jusqu'à la proportion des deux tiers environ. Pour faciliter le tassement du mélange, on agite, à la partie supérieure du tubage, une verge de fer plat, de 5 à 6 mètres de long. Au bout de quelques jours, le béton a acquis de la consistance, et, si l'opération a été bien conduite, le débit du puits est supérieur à ce qu'il était lors du premier jaillissement de l'eau, parce que la colonne liquide, ne subit aucune perte dans son trajet jusqu'à la surface du sol.

CHAPITRE VIII

LE PUITS DE GRENELLE.

Après cette description des systèmes de sondage, et des procédés qui sont mis en œuvre pour l'exécution des puits artésiens, nous allons passer en revue les plus intéressantes de ces entreprises. Nous commencerons par le forage qui a le plus vivement excité l'attention publique. Nous voulons parler du puits de Grenelle, qui occupa et passionna pendant sept à huit ans le public parisien et les savants de tous pays. Nous parlerons ensuite de l'œuvre, plus récente, du puits de Passy, qui eut à traverser de moins longues péripéties, mais qui eut l'avantage d'inaugurer un mode nouveau pour l'emploi des outils de sondage. Nous signalerons enfin des puits artésiens qui ont été établis en d'autres pays que la France.

En 1832, la ville de Paris ne possédait encore aucun puits artésien. Seulement il en existait un certain nombre aux alentours de la capitale, à Saint-Denis, Epinay, Stains, etc. Le conseil municipal résolut d'alimenter de la même façon les quartiers de Paris qui étaient les plus mal partagés sous le rapport des eaux. Dans la séance du 28 septembre 1832, fut décidée la création de trois puits artésiens, l'un au Gros-Caillou, le second près de la place de la Madeleine, et le troisième dans le faubourg Saint-Antoine, au carrefour de Reuilly. L'exécution du puits du Gros-Caillou devait être confiée à MM. Flachat frères, celui du carrefour de Reuilly à M. Degousée, et celui de la Madeleine à M. Mulot. Une somme de 6 000 francs seulement était affectée à chacun de ces trois forages.

Cette allocation modique montre bien qu'on ne voulait faire jaillir que les eaux de la nappe qui alimentait les puits artésiens des environs, et qui n'est située qu'à une faible profondeur. Cependant on ne tarda pas à se convaincre que cette nappe peu profonde ne fournirait qu'un débit insignifiant, et que la couche située beaucoup plus bas, c'est-à-dire placée au-dessous de la craie et qui forme la base du bassin géologique de Paris, pourrait seule fournir une eau jaillissante dans les trois points choisis.

M, Mulot, dont la sonde s'était déjà exercée inutilement jusqu'à 170 mètres, à Suresne, chez M. Rothschild ; à 250 mètres, à Chartres ; à 330 mètres, à Laon, etc., démontra, par sa propre expérience, que si l'on ne se décidait point à descendre jusqu'au-dessous de la craie du terrain secondaire, on n'obtiendrait jamais, à Paris, une source jaillissante de quelque abondance. Il parvint à convaincre de cette vérité M. Emmery, alors ingénieur en chef des eaux de Paris.

Le préfet de la Seine, M. de Bondy, écouta cet avis, et réclama les conseils de la science. Il s'adressa à un ingénieur qui avait une grande autorité dans cette question, M. Héricart de Thury. L'avis de ce savant fut conforme à celui que M. Mulot avait émis comme praticien.

Le préfet de la Seine demanda alors à M. Héricart de Thury, un rapport, que ce dernier s'empressa de rédiger, et dont la conclusion était qu'on ne trouverait d'eau jaillissante dans le bassin géologique de Paris qu'en creusant jusqu'au bout de la craie, jusqu'à 550 mètres environ.

Le projet de M. Héricart de Thury, approuvé par le conseil des mines, rallia les suffrages du conseil municipal de Paris. Il fut décidé seulement qu'au lieu de creuser trois puits, on se bornerait à un forage unique. L'exécution de ce puits fut confiée à M. Mulot.

Les cinq abattoirs, lieux de très-grande consommation d'eau, coûtaient alors à la ville de Paris 34 000 francs environ chaque année, pour leur approvisionnement. Il était donc naturel que l'administration commençât, pour alléger ce chapitre onéreux de dépense, par forer dans l'un des abattoirs le puits projeté. M. de Rambuteau, successeur de M. de Bondy, décida que le puits artésien serait creusé à Grenelle.

Le 29 novembre 1833, les équipages de sonde de M. Mulot

furent amenés à Grenelle, et le forage commença le 30 décembre. L'appareil moteur se composait d'une chèvre ordinaire et d'un treuil à deux volants de 3^m,50 de diamètre, manœuvrés chacun par cinq ou six hommes.

Il s'agissait de traverser une série alternante de couches d'argiles et de sables composant les terrains tertiaires, puis une épaisseur considérable de craie, au-dessous de laquelle se trouvent les sables verts qui renferment la nappe jaillissante. D'après le cahier des charges, le diamètre du sondage à la surface du sol, devait être de 45 centimètres.

On n'avait aucune idée précise de l'épaisseur du banc de craie ; mais l'on pensait qu'en partant de 45 centimètres, le diamètre du trou de sonde serait encore assez grand à la base, pour que le débit du puits suffît amplement aux besoins qu'on prétendait satisfaire. Le marché conclu entre la ville et M. Mulot avait été fait en prévision d'un forage de 400 mètres de profondeur.

Les terrains tertiaires et le terrain d'alluvion qui les précèdent, furent percés assez facilement ; ils nécessitèrent la pose de deux colonnes de garantie, l'une du diamètre de 0^m,51, l'autre du diamètre de 0^m,45 ; la première avait 9 mètres de longueur, la seconde 21 mètres, et elles descendaient jusqu'à la profondeur de 28 mètres.

Le passage des terrains tertiaires aux terrains secondaires se fit également sans difficulté. À 42 mètres, on rencontra la craie, d'abord très-friable, puis mélangée, tous les 2 ou 3 mètres, de silex pyromaques noirs, en rognons, vulgairement appelés *pierres à fusil*. Des éboulements devenant imminents, on descendit une troisième colonne de garantie de 0^m,40 de diamètre intérieur et de 31 mètres de longueur. On ne put la faire filer que jusqu'à 42^m,85 de profondeur ; elle était engagée de 1^m,30 dans la craie.

Au bout de quatre mois de travail, on avait poussé le forage à 74 mètres, lorsque les marnes argileuses qui se trouvent au-dessous de l'argile plastique firent irruption dans le tuyau, probablement ébranlé par les mouvements de la sonde, et comblèrent le trou sur une longueur de 30^m,65. On retira tous ces débris, et pour éviter d'autres accidents du même genre, on descendit, jusqu'à 58 mètres de profondeur, une quatrième colonne de garantie de 0^m,35 de diamètre sur 56 mètres de longueur.

CHAPITRE VIII

Le 17 juin 1834, à la profondeur de 115 mètres, la tarière, qui manœuvrait dans la craie friable, fut arrêtée au fond du trou par un éboulement. On essaya de l'extraire par de grands efforts de traction, mais sans succès. On se résigna alors à percer un trou à côté, et l'on réussit ainsi à la dégager. On était parvenu, préalablement, à faire descendre la quatrième colonne de garantie de 58 à 72 mètres.

Le 26 septembre, à la profondeur de 127 mètres, la sonde se brisa en quatre morceaux : quelques jours suffirent pour réparer cet accident.

À 150 mètres, le premier appareil moteur étant devenu insuffisant, on le remplaça par un manège (fig. 376), à l'aide duquel on réalisa une grande économie de temps. Des chevaux faisaient désormais en une heure ce que onze hommes ne faisaient qu'avec beaucoup de peine auparavant.

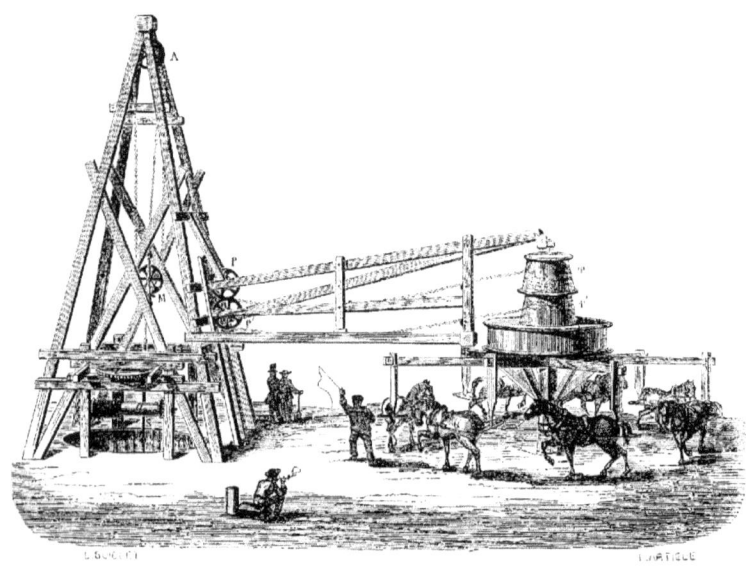

Fig. 376. — Manège et treuil employés pour le forage du puits de Grenelle.

Pour maintenir la partie supérieure de la craie, qui de temps à autre s'éboulait, on descendit, le 11 mars 1835, une cinquième colonne de garantie de $0^m,31$ de diamètre. Son sommet était à 2 m au-dessous du sol, et sa base à 148 mètres ; il avait donc plus de 145 mètres de longueur.

Après la pose de cette colonne, le forage avança plus rapidement, quoique la craie devînt plus dure et renfermât des lits de silex fort difficiles à percer. Le 30 juillet 1835, on était arrivé à 229 mètres, lorsque la sonde se rompit en sept morceaux.

L'extraction des fragments de ces sondes brisées, dura plusieurs mois : elle ne fut terminée que le 11 novembre. Encore ne put-on retirer un bout de sonde, de $0^m,98$ de long, que l'on se contenta de ranger contre les parois du trou. Ce n'est qu'au mois de mars 1836, qu'on parvint à le saisir au moyen d'une *cloche à vis*. Il fallut pour cela qu'il tombât accidentellement sur l'instrument perforateur.

À 341 mètres, la sonde atteignait le poids énorme de 8 000 kilogrammes. On ne pouvait dès lors sans inconvénient la faire agir par percussion ; on s'en tînt donc à l'emploi des outils rôdeurs. Un second manège, tourné par des chevaux, fut installé pour effectuer ce travail, le premier étant mis en œuvre exclusivement pour descendre et remonter la sonde.

Le 10 février 1837, on était arrivé à la profondeur de 393 mètres, lorsqu'un malheur arriva. En remontant la sonde, 320 mètres de tiges tombèrent de 75 mètres de hauteur ; au bout se trouvait une cuiller à soupape.

La *cloche à vis*, descendue deux fois, ramena les tiges fortement tordues et une partie de la cuiller. Restaient encore la moitié de la première tige, ses trois goupilles et la plus grande portion de l'instrument. Après de nombreux tâtonnements, celui-ci fut taraudé énergiquement ; mais il était tellement enfoncé dans la craie, qu'il résistait à tous les efforts de traction. Enfin, après quinze jours de travail et en procédant par petites secousses fréquemment répétées, on réussit à le retirer. Il renfermait la moitié de la tige et les trois goupilles.

Le 21 mars 1837, le marché de l'entrepreneur était arrivé à son terme : on avait atteint la profondeur de 400 mètres, et l'eau n'avait pas été rencontrée. Les travaux continuèrent cependant. Une proposition pour une nouvelle percée de 100 mètres, fut faite au conseil municipal, qui l'approuva, et le 1ᵉʳ septembre un second marché fut signé entre le préfet de la Seine et M. Mulot. Ce dernier s'engageait à exécuter les derniers 100 mètres de forage pour la somme de 52 000 francs, non compris les frais d'alésage et de tubage provisoire.

Le 25 mars 1837, à la profondeur de 407 mètres, un accident extrêmement grave se produisit : 320 mètres de sonde tombèrent, avec la cuiller à soupape, au fond du trou, d'une hauteur de 80 mètres. Le bruit et la commotion furent si forts, que dans le voisinage on crut à un tremblement de terre.

Quelques jours suffirent pour retirer les tiges de sonde, naturellement fort endommagées ; mais les difficultés pour extraire la cuiller à soupape furent prodigieuses. Elles absorbèrent quatorze mois de travail. On ne put extraire que 2ᵐ,30 de ce cylindre, qui mesurait 9ᵐ,43 de longueur totale. Il en restait donc 7ᵐ,13 dans le sondage.

On essaya inutilement, plusieurs fois, de le tarauder ; on résolut alors de le prendre avec une *cloche à vis*. Mais le trou n'avait pas assez de largeur pour cet instrument. Il fallut se décider à agrandir le puits et à lui donner, avec l'alésoir, 16 centimètres de diamètre, au lieu de 13.

Ce travail exigea neuf mois. Pendant sa durée, un nouvel accident vint compliquer le premier d'une manière bien fâcheuse. La tige de suspension s'étant cassée, toute la sonde, comprenant les barres et l'alésoir, fut précipitée dans le trou, ainsi qu'une pièce de fer forgé, coudée à angle droit, qui provenait d'un encliquetage destiné à retenir la sonde.

On releva la plupart des barres au moyen de la cloche à vis ; mais on n'eut raison de l'alésoir qu'avec une extrême difficulté. On le prit d'abord avec la caracole, puis avec le taraud, et ce n'est qu'à grand'peine qu'on le remonta, attendu que le morceau de fer coudé faisait coin et s'opposait à son extraction.

Quant à l'alésoir, il n'offrait aucune prise aux instruments, et l'on ne réussit, en voulant l'extraire, qu'à le pousser sur la cuiller en permanence dans le trou de sonde. Des galets tombés d'en haut, étant venus s'accumuler au même point, la cuiller fut soustraite à toute tentative d'extraction, et l'on n'eut plus d'autre ressource que

Louis Figuier

de pulvériser tout ce qui se trouvait au-dessus, et, au besoin, une partie de l'instrument lui-même.

Des douilles, taillées à leur base, furent confectionnées pour accomplir cette besogne, qui avança fort lentement, comme on le pense bien.

C'est à cette occasion qu'on descendit une sixième colonne de garantie, pour se débarrasser de la vase que fournissaient continuellement 250 mètres de terrains non tubés. Cette colonne fut mise en place le 14 juin 1838 : elle avait $0^m,265$ de diamètre et $208^m,80$ de longueur, descendait jusqu'à 350 mètres et pesait 6 478 kilogrammes.

Le 1er août 1838, quatorze mois après sa chute, la cuiller fut définitivement retirée du trou de sonde. On n'en ramena que 3 mètres, en très-mauvais état ; le reste, c'est-à-dire $4^m,13$, avait été broyé.

Depuis le 3 août jusqu'au mois de décembre, la sonde se brisa encore, et ce ne fut pas sans difficulté qu'on parvint à l'extraire, attendu qu'elle s'engageait, en remontant, entre les parois de la colonne de garantie et celles du sondage.

On pensa, non sans raison, que les ajustements avaient pu, durant les nombreuses manœuvres de la sonde pour retirer la cuiller brisée, pratiquer dans les couches tendres, une rainure, où venaient se loger les barres ; que celles-ci se courbaient dans l'excavation qui leur était offerte, qu'elles l'agrandissaient en tournant, et que finalement elles cassaient, quel que fût leur diamètre. En conséquence, on résolut de tuber le trou de sonde jusqu'au fond. La septième colonne de garantie fut descendue, le 28 janvier 1839, jusqu'à la profondeur de 400,60 : elle avait $0^m,21$ de diamètre et 340 mètres de longueur.

En 1840, on était arrivé à 500 mètres de profondeur, et l'eau ne paraissait pas ! M. Mulot dut solliciter du conseil municipal une nouvelle autorisation et un supplément d'allocation.

Comme l'allocation demandée se faisait trop attendre, au gré de son impatience, M. Mulot, animé d'un patriotisme, trop rare de nos jours, déclara qu'il poursuivrait le forage à ses frais, et il reprit sa sonde. Il ne lui avait été alloué à grand'peine que 263 000 francs ; il en prit 40 000 sur sa propre fortune.

CHAPITRE VIII

Un nouveau marché intervint alors entre la ville de Paris et M. Mulot, pour une autre percée de 100 mètres, moyennant la somme de 84 000 francs, non compris les frais d'alésage et de tubage provisoire.

À la profondeur de 505 mètres, on entra dans l'argile brune micacée, renfermant des pyrites de fer. D'abord assez compacte, cette argile devint tellement coulante, à la profondeur de 515 mètres, qu'on reconnut l'impossibilité de pousser le forage plus loin sans une huitième colonne de garantie.

La partie inférieure de la craie n'était percée qu'à la largeur de $0^m,13$, il fallut l'élargir à $0^m,20$, opération peu aisée, vu la dureté du terrain. Jusqu'à 475 mètres, l'agrandissement se fit sans encombre ; mais alors la sonde se rompit, et l'alésoir tomba dans le trou.

Fig. 377. — M. Mulot.

Quatre mois et six jours de travail furent nécessaires pour le retirer ; pendant cette extraction, la sonde se cassa 22 fois.

Enfin, on procéda, le 8 septembre, à la pose de la huitième colonne de garantie : elle avait $0^m,185$ de diamètre, 129 mètres de longueur, et descendait dans les argiles jusqu'à 514 mètres.

De 531 à 540 mètres de profondeur, la sonde rapporta de nombreux débris de coquilles fossiles. À mesure qu'on creusait, on enfonçait la dernière colonne. À 538 mètres, elle cessa de descendre, quoique le forage fût poussé jusqu'à 545 mètres. Le cas avait été prévu, et un neuvième tube de garantie de 60 mètres de longueur, était préparé.

L'argile devenait de plus en plus dure : la tarière n'y entrait que de 10 ou 15 centimètres à chaque manœuvre. À 545 mètres un ciseau descendit de 41 centimètres seulement en cinq heures. Une cuiller à soupape, qui succéda à cet instrument, s'enfonça de 8 centimètres en deux fois, et remonta de gros grains quartzeux, empâtés dans l'argile verdâtre. Dans une autre manœuvre, elle entra de $0^m,28$ et revint pleine, contenant à la partie inférieure du sable vert très-argileux. On touchait au but si ardemment poursuivi !

En effet, le lendemain matin, tout le personnel des travaux étant réuni au bord du forage, la soupape remonta, au bout de 3 heures 45 minutes, une charge de sable vert : on avait donc atteint le gîte de la nappe des eaux jaillissantes !

La cuiller fut redescendue immédiatement. Après un trajet de 2 heures, elle arriva au fond du trou, et pénétra dans le fond de $0^m,50$. On la souleva légèrement, puis on la laissa retomber : elle entra de nouveau de $0^m,10$. On essaya alors de la faire tourner ; les chevaux tiraient à franc collier sans pouvoir entraîner le manège. Enfin, après une secousse qui ébranla tout l'atelier, la machine cessa de résister.

« La sonde est cassée, ou nous avons de l'eau ! » s'écria M. Mulot fils, attentif à toute les péripéties de l'opération.

Peu de temps après, un sifflement vint frapper délicieusement les oreilles de tous les assistants, et l'eau jaillit avec impétuosité.

C'était le 26 février 1841, à 2 heures et demie.

Selon l'usage des ingénieurs-sondeurs, M. Mulot, pendant le travail du forage, avait conservé dans un casier un spécimen de chacune des couches des terres que sa sonde traversait, et dont il avait avec soin constaté la nature et noté l'épaisseur. M. Ch. Bizet, conservateur des abattoirs, eut l'ingénieuse pensée de réunir ces fragments, et en les plaçant les uns sur les autres, dans leur ordre géologique, d'en composer le spécimen naturel des terrains traversés par la sonde. Il prit un tube de verre cylindrique, ayant la circonférence d'une pièce de 5 francs et haut de 548 millimètres, c'est-à-dire d'autant de millimètres que le sondage a de mètres. Quand ce tube eut été implanté dans un socle, il en couvrit le fond d'un cercle de glace polie, pour figurer la nappe d'eau artésienne. Sur l'eau ainsi représentée, il commença, avec l'aide de M. Mulot, à placer les matières retirées du puits, dans l'ordre inverse à celui de leur extraction, et en donnant exactement à chaque couche l'épaisseur indiquée par les notes de M. Mulot, vérifiées par M. Élie de Beaumont.

Les matières qui se succèdent ainsi à partir de la couche aquifère sont : 1° Du sable vert de la couche aquifère ; 2° des argiles sableuses ; 3° de la craie, et ainsi de suite, en remontant jusqu'au sommet de la colonne transparente, dont la couche supérieure est du sable pris sur le sol même de l'abattoir.

Ce curieux et fragile monument méritait d'être conservé par la gravure. M. Bizet s'y décida, et cet intéressant modèle fut ainsi perpétué.

C'est cette gravure même que nous reproduisons ici (*fig.* 738), en la réduisant.

Les sables verts commencent à la profondeur de 547 mètres ; la sonde y étant entrée d'un mètre environ, la profondeur du puits de Grenelle est donc de 548 mètres.

La température de l'eau du puits de Grenelle est de 27°,7 centigrades. Quant à sa pureté, elle fut reconnue supérieure à celle de l'eau de Seine par Pelouze, qui en fit l'analyse immédiatement après le jaillissement. Le débit du puits à la surface du sol, avant le tubage définitif, était d'environ 1 million de litre par heure.

Nous devons dire que les savants avaient parfaitement prédit ce résultat, et l'avaient annoncé avec une précision qui fut pour tout le monde un juste sujet d'étonnement.

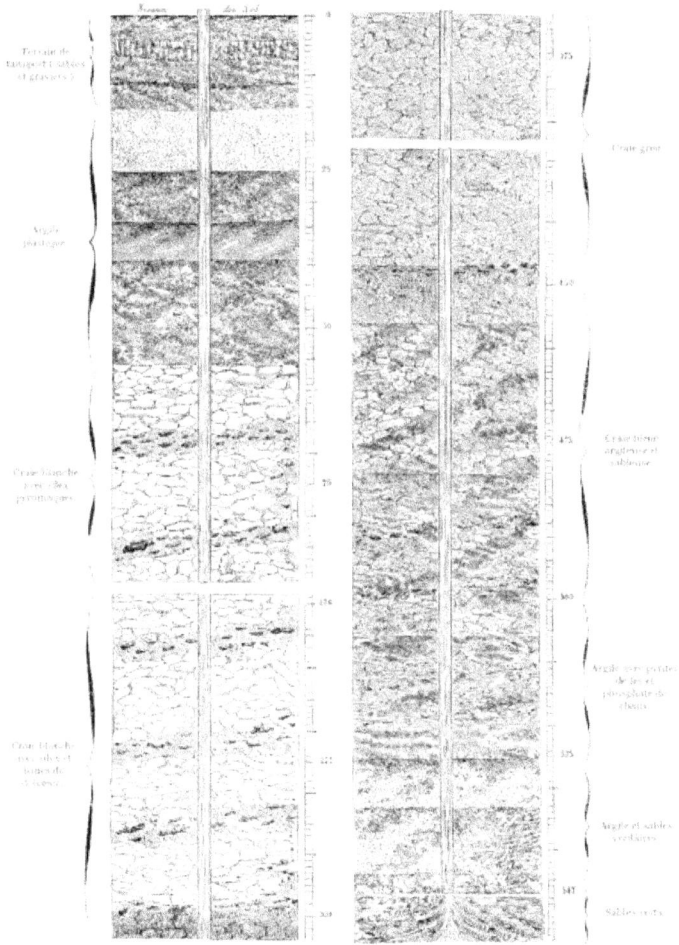

Fig. 378. — Coupe des terrains traversés par le forage du puits de Grenelle.

Pendant les travaux du puits de Grenelle, le public s'occupait beaucoup de cette importante expérience, et en suivait les phases avec la plus vive curiosité. Arago ne cessait d'affirmer que le succès du puits de l'abattoir était infaillible, si l'on avait assez de persévérance pour traverser toute la couche de craie. Il s'appuyait sur les succès des forages d'Elbeuf pour assurer que, si l'on rencontrait à Paris la

CHAPITRE VIII

même nappe d'eau, elle jaillirait à la surface du sol. De son côté, M. Elie de Beaumont, l'illustre géologue, ne cessait de prodiguer les conseils de sa haute science aux personnes chargées de ce travail pénible, et de leur prodiguer ses encouragements. C'est, on peut le dire, à la persévérance d'Arago et aux conseils éclairés de M. Élie de Beaumont que l'on dut la réussite de cette entreprise.

Fig. 379. — M. Élie de Beaumont.

Ainsi les prévisions de la science furent confirmées dans toute leur étendue. L'issue des travaux du puits de Grenelle fut un succès des plus brillants et des plus mérités, pour la géologie et l'hydraulique.

La pose des colonnes d'ascension commença le 29 juin 1841. Cette opération fut entravée par divers accidents qui en retardèrent l'achèvement.

Les tubes étaient en cuivre rouge ; ils avaient 3 millimètres d'épaisseur, et formaient une seule colonne de trois diamètres différents ($0^m,18$, $0^m,22$ et $0^m,25$) pesant 10 000 kilogrammes. Cette colonne devait être descendue jusqu'à la profondeur de 408 mètres seulement, et là elle devait être vissée sur le dernier tuyau de retenue de $0^m,17$, afin de ne pas abaisser au-dessous de ce chiffre le diamètre du trou de sonde.

Les tuyaux d'ascension furent conduits sans trop de difficulté jusqu'à la profondeur voulue ; mais comme on ne put les fixer solidement, on essaya de les retirer pour les mieux placer : entreprise d'autant plus nécessaire que, depuis plusieurs jours, une accumulation de sables et d'argiles, à l'orifice inférieur du sondage, interceptait fortement le passage de l'eau. On se mit donc en mesure de sortir les tubes ; mais on en avait à peine extrait une cinquantaine de mètres, lorsque l'eau recommença à couler, charriant de grandes masses de sable : il fallut renoncer à retirer les tubes. En attendant, l'espace annulaire compris entre les colonnes de retenue et les tubes d'ascension, se remplissait de sable, et l'eau coulait fort trouble. On décida alors de descendre la colonne de cuivre jusqu'à 548 mètres, contrairement à la première résolution, afin de prévenir tout éboulement de l'argile non tubée ; et l'on fabriqua des tubes de cuivre qui devaient passer dans les tuyaux en fer de $0^m,17$.

Lorsqu'il fallut les introduire dans le sondage, on s'aperçut que ceux déjà en place étaient aplatis en divers endroits, par suite d'un excès de pression extérieure, non prévue.

Ces tubes étaient trop faibles pour résister à la poussée des eaux qui avaient pénétré entre eux et les tuyaux de retenue ; il fallait donc absolument les remplacer, car, en admettant qu'on parvînt à les redresser aux endroits attaqués, de nouveaux aplatissements se produiraient. C'est en effet ce qu'on constata par expérience. Trois accidents de ce genre ayant été réparés à l'aide de cylindres enfoncés dans les tubes, un quatrième se déclara soudainement.

On eut beaucoup de peine à retirer les 358 mètres de tubes de cuivre restés dans le forage, précisément à cause des dépressions qui empêchaient les instruments de manœuvrer.

Une commission nommée par le préfet de la Seine avait décidé que le second tubage serait fait, non en cuivre, mais en tôle galvanisée, de $0^m,005$ d'épaisseur, pouvant supporter une pression de 70 atmosphères. La descente de cette colonne, qui pesait 12 000 kilogrammes, s'accomplit sans difficultés, mais elle s'arrêta à 408 mètres : on avait reconnu que le tube de fer de $0^m,17$ était courbé, ce qui excluait toute possibilité de pousser les tuyaux galvanisés jusqu'à la rencontre de la nappe jaillissante.

Les choses étant en cet état, on s'aperçut qu'il sortait de l'eau par l'espace annulaire. On en rechercha la cause, et l'on constata que le liquide filtrait de l'intérieur du trou de sonde par certaines fissures du tube en fer de $0^m,17$, dans lequel circulait directement la colonne des eaux. Pour obvier à cet inconvénient, on remplit d'abord de chaux hydraulique l'espace compris entre le tube de $0^m,51$ et celui de $0^m,35$; puis on combla avec 20 mètres cubes de sable quartzeux très-fin, les intervalles existant entre les autres tubes et la colonne de tôle galvanisée.

Le 30 novembre 1842, c'est-à-dire au bout de neuf ans, les travaux furent complètement terminés. Le sondage proprement dit avait coûté 262 375 francs, et le tubage 100 057 francs, se décomposant ainsi : 37 000 francs de tuyaux en cuivre, 63 057 francs pour la fourniture et la pose des tuyaux en fer galvanisé. Le prix total de l'exécution du puits de Grenelle jusqu'à la surface du sol fut donc de 362 432 francs.

Depuis l'entier achèvement des travaux, l'eau est toujours restée claire. Le débit du puits est de 2 200 litres par minute, à la surface du sol, et de la moitié seulement, soit 1 100 litres, à la hauteur de $32^m,50$.

Au lieu de laisser jaillir l'eau librement à plusieurs mètres au-dessus du sol, on l'a forcée à monter dans un tuyau vertical, de 34 mètres de long, terminé par un réservoir. Grâce à cette disposition, l'intervention des pompes est inutile pour la refouler dans les autres quartiers. Elle descend du réservoir supérieur par un second tuyau, et se répand, sous une charge suffisante, dans les quartiers situés à un niveau plus bas. C'est ainsi qu'elle est amenée dans les réservoirs de la place du Panthéon, d'où elle se distribue dans les fontaines publiques et privées.

Un monument d'aspect élégant, malgré ses vastes proportions (*fig.* 381), a été élevé sur la place Breteuil, pour marquer l'emplacement du puits artésien. C'est une colonne en fonte, qui reçoit par un aqueduc souterrain, l'eau de la source jaillissante, située dans le voisinage immédiat. Cette colonne, de forme hexagonale, a $42^m,85$ de hauteur. Elle repose sur un socle en pierre de taille creusé en forme de bassin, dans lequel s'épanchent 96 gerbes d'eau provenant de quatre vasques étagées de la base au sommet. Un escalier à jour de 150 marches serpente autour du tube ascensionnel, et aboutit à une plate-forme, que domine une lanterne terminée en dôme.

Louis Figuier

L'architecte de ce monument, élégamment brodé et découpé, est M. Delaperche.

Fig. 381. — La colonne monumentale du puits de Grenelle, sur la place Breteuil.

Une rente viagère de 3 000 francs a été accordée à M. Mulot, par l'administration municipale de Paris.

CHAPITRE VIII

L'eau du puits de Grenelle est d'une pureté remarquable ; MM. Payen et Pelouze ont constaté qu'elle ne contient pas un atome de sulfate de chaux, et que, par conséquent, elle est éminemment propre à tous les usages domestiques et industriels, à la dissolution du savon, à la teinture, à la cuisson des légumes, et surtout à la boisson.

Sous ce dernier rapport, l'eau du puits de Grenelle reçut un hommage assez singulier et qui paraissait beaucoup flatter les habitants, du quartier du Gros-Caillou. L'ambassadeur de Turquie envoyait tous les deux jours, un de ses domestiques au puits de Grenelle, avec mission de lui apporter une cruche d'eau du puits artésien.

L'absence de toutes matières étrangères, et en particulier de sulfate de chaux (plâtre), rend cette eau précieuse pour les chaudières des machines à vapeur, qui, alimentées avec cette eau, sont moins sujettes à s'encroûter de dépôts terreux.

La quantité de substances solides tenues en dissolution dans l'eau du puits de Grenelle, est plus faible que celle que renferme l'eau de la Seine. En effet, un litre d'eau de. Seine renferme, en moyenne, $0^{gr},30$ de matières dissoutes, tandis que celle du puits du Grenelle n'en contient que 0,14.

L'analyse chimique de l'eau du puits de Grenelle a été faite par M. Payen en 1841, et par MM. Boutron et Henry, en 1848. Voici les résultats des analyses de MM. Boutron et Henry.

Eau = 1 litre.

Bicarbonate de chaux	$0^{g},0292$
Bicarbonate de magnésie	0 ,0092
Bicarbonate de potasse	0 ,0100
Sulfate de potasse Sulfate de soude	0 ,0320
Chlorures de potassium et de sodium	0 ,0579

Louis Figuier

Silice	0 ,0100
Albumine et oxyde de fer	0 ,0020
Matière organique	traces.
	0^g,149

M. Payen est arrivé, en 1841, aux résultats suivants :

Eau = 1 litre.

Carbonate de chaux	0^g,0680
Carbonate de magnésie	0 ,0142
Bicarbonate de potasse	0 ,0296
Sulfate de potasse	0 ,0120
Chlorure de potassium	0 ,0109
Silice	0 ,0057
Substance jaune particulière	0 ,0002
Matière organique azotée	0 ,0024
	0 ,1430

Ces deux analyses donnent, on le voit, sensiblement le même chiffre pour le poids des résidus solides laissés par l'évaporation d'un litre d'eau. Mais elles offrent, quant aux substances dissoutes, un tel désaccord qu'il faut admettre que la composition de l'eau n'était pas la même aux deux époques différentes où ces analyses ont été faites. Il était donc utile de procéder à une nouvelle analyse, pour rechercher si l'eau de ce puits offre la même composition qu'aux premiers temps de son débit. En 1887, M. Péligot a fait une nouvelle analyse, et il est arrivé au résultat suivant :

Eau = 1 litre.

Carbonate de chaux	0^g,0579
Carbonate de magnésie	0 ,0163
Carbonate de potasse	0 ,0205
Carbonate de protoxyde de fer	0 ,0031
Sulfate de soude	0 ,0161
Hyposulfite de soude	0 ,0091
Chlorure de sodium	0 ,0091

CHAPITRE VIII

Silice	0 ,0099
	0ᵍ,1420

On remarquera dans cette analyse de M. Peligot, la présence de l'hyposulfite de soude, substance dont l'existence est assez difficile à expliquer. Quelques sulfures provenant des couches profondes du globe, se sont sans doute transformés en hyposulfites.

Fig. 380. — Péligot.

CHAPITRE IX

LE PUITS DU PASSY — APPLICATION DU SYSTÈME KIND.

Le succès du forage de Grenelle avait démontré péremptoirement la possibilité d'obtenir des eaux jaillissantes dans l'intérieur même de Paris. Les vues théoriques des géologues avaient reçu, en fait, une éclatante confirmation. La couche perméable de sables verts qui vient affleurer dans les environs de Troyes, à un niveau supérieur au sol de la capitale, doit fournir, en ce dernier lieu, une colonne

Louis Figuier

d'eau jaillissante : voilà ce qu'avait dit la science, et elle ne s'était pas trompée. Lors donc qu'on eut résolu de transformer le bois de Boulogne en un parc agrémenté de lacs, de rivières et de cascades, on songea à creuser dans son voisinage, un nouveau puits artésien, capable de suffire à cette énorme consommation d'eau.

Sur ces entrefaites, un ingénieur saxon, M. Kind, inventeur d'un système perfectionné de sondage, offrit d'exécuter ce travail dans des proportions beaucoup plus grandioses que celles du puits de Grenelle, et à des conditions fort avantageuses pour la ville. M. Kind promettait de creuser un puits quatre ou cinq fois plus large que le premier, dans le délai d'un an, moyennant la somme de 350 000 francs.

Le système de M. Kind consistait à employer des barres de bois pour remplacer les tiges de fer qui sont habituellement en usage pour opérer le creusement des puits, et à n'agir, à toutes les profondeurs, que par percussion, au moyen d'un trépan, qu'un déclic venait faire tomber au moment voulu, et qui creusait le sol par sa chute. Ce système avait réussi entre les mains de M. Kind dans tous les forages qu'il avait exécutés jusque-là.

Le 14 juillet 1855, sur l'avis favorable d'une commission composée de notabilités scientifiques et d'ingénieurs, un traité, dont voici les principaux articles, fut passé entre le préfet de la Seine et M. Kind :

« Le puits percé d'après les procédés de M. Kind, sous la surveillance de l'ingénieur des ponts et chaussées chargé de la direction du service des promenades et plantations de la ville de Paris, aura dans toute sa profondeur une section minimum de $0^m,60$ de diamètre intérieur ($0^m,43$ de plus que le puits de Grenelle, celui-ci ne mesurant que $0^m,17$ à la base).

« Il sera descendu de 25 mètres au moins dans la couche aquifère des grès verts, située, en moyenne, à 460 mètres au-dessous du sol de la plaine de Passy, et devra être garni d'un cuvelage en bois de chêne formant tube de retenue.

« Un tube ascensionnel de 23 mètres de hauteur environ au-dessus du sol de l'orifice du puits élèvera les eaux à $76^m,49$ au-dessus du niveau de la mer hauteur nécessaire aux différents services du bois de Boulogne.

« Les travaux du puits, dont la dépense est évaluée à un chiffre

CHAPITRE IX

maximum de 350 000 francs, doivent être terminés dans le courant d'une année, à partir du 18 juillet 1845, date de l'acceptation de la soumission de M. Kind. »

Le forage ne commença, en réalité, que le 15 septembre 1855. Jusqu'à cette époque, on s'occupa des travaux d'installation, consistant dans la construction de plusieurs hangars, dont l'un muni d'un tour, et dans l'établissement d'une machine fixe à vapeur au fond d'une excavation de 11 mètres de hauteur, péniblement creusée à bras d'homme. Il fallut aussi régler la marche de la machine et des appareils, et mettre les ouvriers au courant de leur besogne.

La machine à vapeur était de la force de 25 à 30 chevaux et à deux cylindres. La tige du piston de l'un de ces cylindres était reliée à un énorme balancier en bois, garni de fer, dont l'autre extrémité supportait la sonde, par l'intermédiaire d'une grosse chaîne. La vapeur, en agissant sur le piston, relevait le balancier qui, à son tour, soulevait la sonde jusqu'à ce que, l'entrée de la vapeur dans le cylindre étant supprimée, tout le système retombât par son propre poids.

La sonde se composait, comme toujours, d'une série plus ou moins nombreuse de tiges, terminées par l'instrument perforateur qui était un trépan, seulement ces tiges étaient en bois. Au-dessus du trépan, était le déclic, pièce fondamentale du système.

Les tiges en bois de sapin (*fig.* 382) étaient carrées, et avaient 10 mètres de longueur sur 9 à 10 centimètres de côté ; elles étaient assemblées au moyen de frettes en fer se vissant les unes dans les autres et solidement fixées par des goupilles. Grâce à leur faible poids, qui ne dépassait guère celui de l'eau contenue dans le forage et qui provenait des infiltrations des couches supérieures, ces tiges flottaient en quelque sorte à l'intérieur du puits. Ainsi portée, pour ainsi dire, par l'eau, la sonde n'était plus un obstacle par son poids, arrivée à de grandes profondeurs, ou du moins la force nécessaire pour soulever la sonde augmentait dans une bien moindre proportion que la profondeur du trou, avantage qu'on n'eût pas réalisé en employant des tiges en fer.

Louis Figuier

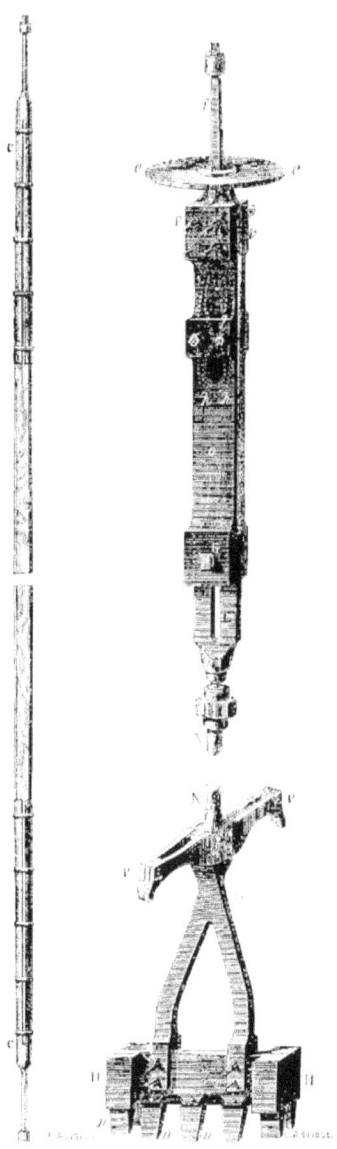

| Fig. 382. Tige de suspension en bois. | Fig. 383. Trépan avec son déclic. |

CHAPITRE IX

Le trépan pesait 1 800 kilogrammes ; il était à oreilles, et armé de sept dents en acier fondu, fixées par des chevilles en fer, ce qui permettait de les retirer facilement dès qu'elles étaient usées ou brisées. Chacune de ces dents avait $0^m,25$ de longueur et pesait 8 kilogrammes. Afin que l'outil attaquât le terrain sur tous les points de sa surface, les dents étaient irrégulièrement distribuées dans sa masse ; de cette façon elles frappaient en des endroits différents, à mesure qu'on tournait le trépan dans l'intervalle de deux chutes successives.

La figure 383 représente le trépan, surmonté de son déclic.

Le déclic est formé d'un clapet circulaire *ee*, ou chapeau, en gutta-percha, de $0^m,60$ de diamètre, mobile le long de la tige *f*, qui glisse entre deux platines en fer, F, F, parallèles entre elles, reliées en haut par les clavettes, en bas par le boulon G. C'est entre ces platines que se trouvent serrées les branches *h, h* de la *fourche* ou pince à déclic, ainsi que la tête *o* de la tige LL qui supporte le trépan MHH, par l'intermédiaire de la tige NN.

Portons-nous, pour expliquer le mécanisme du déclic à la figure 384, faite à une plus grande échelle que la précédente, et dans laquelle on a supposé l'une des platines GF enlevée, pour laisser voir l'intérieur de l'appareil.

On voit le clapet en gutta-percha, *ee*, ainsi que la *fourche* ou pince à déclic KK, entre les branches de laquelle glisse la tige rectiligne J, qui descend le long des plaques F, F. Les bras de la fourche K, K portent, à leur partie supérieure, un renflement *k* qui arrête le clapet *ee*, au bas de sa course. Ils sont boulonnés et fixés en leur milieu *ll*, et leur extrémité inférieure hh saisit la tête *o* de la tige LL, qui supporte elle-même le trépan par le pas de vis *m*.

Ceci posé, voici comment fonctionne le mécanisme du déclic. Quand la sonde est descendue par son propre poids, la pression de l'eau, s'exerçant de bas en haut, le chapeau en gutta-percha *ee* est soulevé le long de la tige *f*, et la tige J se dégage de l'extrémité de la fourche KK, qui la retenait par sa partie supérieure *k*. Dès lors, les deux branches KK sont forcées de se rapprocher par le haut, et nécessairement aussi de s'écarter par le bas, en pivotant autour des boulons *l, l*. Elles laissent donc échapper la tête *o* de la tige à coulisse qui porte le trépan, et le trépan, abandonné à lui-même, est précipité au fond du sondage. La sonde venant à redescendre, la pince se trouve de nouveau en contact avec la tête *o*. Au moment où le balancier de la machine à vapeur relève les tiges, l'eau presse de nouveau sur le chapeau de gutta-percha, de haut en bas ; les branches de la pince se rapprochent et saisissent la tête *o*, et le trépan remonte avec les tiges.

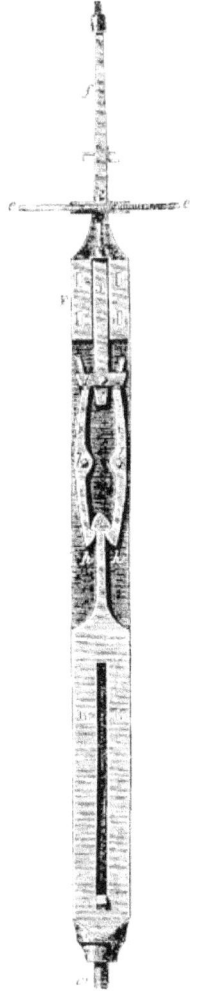

Fig. 384. — Détail de l'appareil du déclic.

Ainsi, cet organe remarquable venait alternativement saisir et relâcher, un énorme trépan pesant 1 800 kilogrammes. Soulevée jusqu'à une hauteur de 60 centimètres, cette masse retombait le long des glissoires, et à chaque oscillation du balancier de la machine à vapeur, elle venait frapper le sol. Aucune roche n'aurait pu résister à ce choc puissant, s'exerçant plusieurs fois par minute.

Dans le système Kind, la chute du trépan s'opère donc tout à fait indépendamment de celle des tiges, et les inconvénients des sondes rigides à de grandes profondeurs disparaissent complètement. Nous avons dit comment M. Mulot, faute d'un procédé de ce genre, avait été contraint de renoncer à la méthode de percussion, dès la profondeur de 341 mètres ; dans le forage de Passy, on put se servir du trépan jusqu'à la rencontre de la nappe jaillissante. La coulisse d'Œynhausen, que nous avons décrite plus haut (figure 358) était un acheminement vers cet appareil ; mais elle ne réalisait qu'imparfaitement les conditions de la chute libre, car son emploi ne provoque pas la séparation réelle de l'instrument perforateur et des tiges ; M. Kind a donc le premier, résolu complètement ce problème.

Ce n'est pas à dire que son appareil soit sans défauts. Parfait de tous points dans les terrains solides, où l'alésage est régulier et où le chapeau de gutta-percha fonctionne aussi bien qu'un piston dans le cylindre d'une machine à vapeur, il laisse à désirer dans les couches tendres, où le remous de l'eau dégrade les parois du trou de sonde et l'élargit de telle sorte, que l'eau, pouvant se frayer un passage autour du clapet, cesse d'exercer sur celui-ci une pression suffisante pour le soulever et ouvrir la pince à déclic. Il arrive donc assez souvent que la sonde monte et descend sans lâcher le trépan.

Le mécanisme imaginé par M. Kind n'en reste pas moins très-remarquable. Il fonctionne assez rapidement pour que le trépan tombe environ 20. fois par minute, d'une hauteur de $0^m,60$, lorsque le trou de sonde est alésé bien régulièrement ; dans le cas contraire, le nombre de coups ne dépasse pas 12 ou 15.[1]

Aussi longtemps que dure le battage, deux ouvriers, placés sur le plancher de manœuvre, sont occupés après chaque coup, l'un à

[1] MM. Degousée et Laurent ont perfectionné ce système de déclic, et l'emploient avec avantage dans leur travaux. Leur appareil étant fondé sur le même principe que celui de l'ingénieur saxon, nous nous dispenserons de le décrire.

tourner vers le haut la vis qui soutient la sonde, afin d'augmenter la longueur des tiges à mesure que le trou s'approfondit, l'autre à faire tourner cette tige elle-même d'un huitième de circonférence, en agissant sur la barre transversale, afin d'amener les dents du trépan sur tous les points de la roche.

La figure 385, avec sa légende, donnera au lecteur une idée exacte des différentes phases qu'avait à parcourir le travail de la machine et des ouvriers dans le forage du puits de Passy.

Fig. 385. — Coupe longitudinale du bâtiment pendant le travail de forage du puits de Passy.

CHAPITRE IX

M, chaudière à vapeur et ses accessoires ; A, machine à vapeur commandant les divers treuils pour la manœuvre soit du trépan, soit de la cuiller à soupape ; B, B', câbles soutenant les outils à employer ; C, grand treuil manœuvrant les tiges de sondage ; D, autre treuil commandé à volonté par la même machine à vapeur A, et servant à amener Le chariot F au-dessus du puits lorsqu'il doit recevoir la cuiller à soupape qui a cessé de fonctionner ; E, poulie du chariot F ; F, chariot recevant la cuiller lorsqu'elle cesse de servir ; G, cuiller prête à descendre dans le puits ; H, tige du cylindre à vapeur commandant le balancier K, destiné à imprimer aux tiges de sondage et par suite aux outils qui y sont suspendus, un mouvement de haut en bas alternatif ; I, *tourne-à-gauche* pour faire varier à chaque oscillation des tiges la position du trépan ; J, orifice du puits dans lequel descendent les tiges de sondage ; T T, tiges de rechange prêtes à être ajoutées à mesure que le travail avance.

La quantité de travail utile accomplie par l'outil perforateur, à Passy, variait nécessairement avec la nature des couches à traverser. Pendant les quatre premiers mois, chaque séance de battage, dont la durée était de six heures environ, produisit un avancement moyen de $1^m,28$; pendant certains jours l'on creusa jusqu'à $1^m,50$ et même 2 mètres.

Lorsque le trépan avait rempli sa besogne quotidienne, c'est-à-dire travaillé pendant sept à huit heures, on s'occupait d'enlever les débris au moyen d'une *cuiller* au *cylindre à soupape*. Pour cela, il fallait en retirer les tiges et le trépan, puis y introduire une cuiller à soupape, propre à remonter les débris.

Cette double opération s'accomplissait à l'aide de deux câbles plats passant sur deux poulies situées au sommet de la tour du hangar principal (*fig.* 385), et s'enroulant sur un treuil mû par le second cylindre à vapeur. On procédait de la manière suivante.

Le battage étant terminé, on décrochait la chaîne du balancier, et l'on reportait celui-ci en arrière au moyen de rouleaux ; puis on faisait descendre alternativement chacun des câbles plats pour prendre une longueur de tiges qui n'était pas moindre de 30 mètres, ce nombre représentant précisément la hauteur de la tour,

Louis Figuier

au sommet de laquelle se tenait un homme, occupé à détacher le câble après chaque ascension et à mettre les tiges de côté, au fur et à mesure de leur sortie. Quant au trépan, dès qu'il était arrivé à l'orifice du puits, on le suspendait à un chariot mobile sur des rails de fer et spécialement disposé pour ce transport ; puis on l'écartait momentanément.

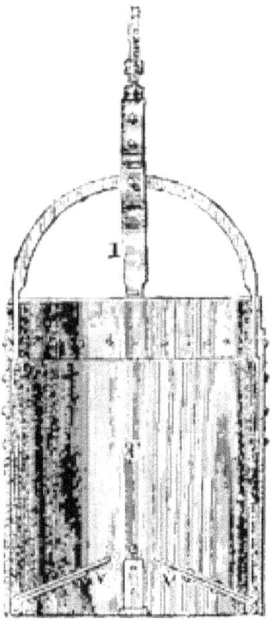

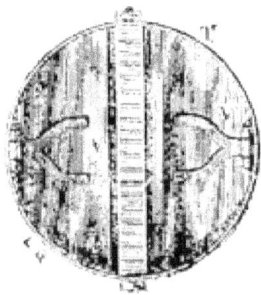

Fig. 386. — Cuiller du puits de Passy.

La *cuiller* employée pour nettoyer le trou de sonde consistait (*fig.* 386), en un tube de tôle T de $0^m,80$ de diamètre sur 1 mètre de hauteur, muni à sa partie inférieure de deux soupapes V, V s'ouvrant de dehors en dedans. Elle était amenée au-dessus de l'orifice du puits de la même manière que le trépan, à l'aide d'un chariot roulant sur des rails, puis ancrée à l'extrémité d'un câble rond de $0^m,04$ de diamètre, qui passait sur une poulie folle et allait s'enrouler sur un treuil mis en mouvement par le second cylindre à vapeur. On laissait ensuite filer le câble, et la cuiller descendait en vertu de son poids. Au fond du puits, les soupapes s'ouvraient par la résistance de l'eau, le cylindre se remplissait de débris, et, dès qu'on le remontait, les soupapes se refermaient par le poids des terres. Revenue à l'orifice du sondage, la cuiller était prise par le chariot et conduite au-dessus d'un canal de déversement, où on la vidait.

D'après le traité passé avec la ville de Paris, le puits de Passy devait être terminé le 18 juillet 1856. Mais on avait compté sans les difficultés de percement des couches éboulantes qui surmontent la craie. On rencontra de tels obstacles dans les sables, et surtout dans les argiles, qu'on dut placer des tuyaux de retenue depuis l'orifice supérieur du puits jusqu'à la craie. Ces tubes étaient en tôle de 5 millimètres d'épaisseur, leur diamètre était de $1^m,10$, On eut beaucoup de peine à les enfoncer. Il fallut les charger d'un poids de 32 000 kilogrammes, et mettre en œuvre des outils élargisseurs à la base de la colonne.

Le 31 mars 1857, on avait atteint la profondeur de 528 mètres ; et certes, quoique le délai d'un an fût dépassé, c'était là un beau résultat. Encore quelques jours, et l'eau allait jaillir. Tout à coup un accident funeste vint anéantir les espérances légitimes d'un succès prochain. La colonne de garantie qui soutenait les argiles, fut écrasée à 30 mètres seulement au-dessous du sol. Ce sinistre eut des conséquences lamentables. Il retarda de plusieurs années l'achèvement du forage, et augmenta les dépenses de plus du triple.

M. Kind se trouvait dans l'impossibilité de remplir les conditions de son traité. La ville de Paris, usant de son droit strict, annula le marché, et décida de continuer l'opération avec le secours de ses ingénieurs, en laissant toutefois la direction des travaux à M. Kind.

Louis Figuier

Fig. 387. — M. Kind.

Pour opposer une digue infranchissable à la poussée des argiles, les ingénieurs de la ville de Paris décidèrent de creuser un puits énorme à travers les couches dont l'accident du 31 mars 1857 avait révélé les dangers, c'est-à-dire dans la partie supérieure, composée d'argiles et qui s'était éboulée en écrasant le tube de retenue, et de revêtir ce puits d'une maçonnerie.

On donna à ce puits un diamètre inusité. Il mesurait 3 mètres de diamètre dans les deux premiers tiers, et $1^m,70$ dans le dernier. Le 13 décembre 1859, ce puits, long de 57 mètres, était terminé. Il était construit, partie en fonte avec maçonnerie intérieure, et partie en tôle. L'opération fut longue, rebutante, et même si dangereuse, que plus d'une fois les ouvriers refusèrent de continuer le travail. C'est ainsi seulement que l'on put arriver à dégager le tube de retenue qui s'était écrasé à 30 mètres au-dessous du sol.

On procéda ensuite au tubage définitif de toute la partie forée du trou de sonde. La colonne de tubage se composait d'une série de tuyaux en bois, dont les derniers n'avaient pas plus de $0^m,78$

de diamètre, le tout se terminant par un tubage en bronze, de 12 mètres, percé de fenêtres sur toute sa longueur, pour faciliter rentrée de l'eau, dès qu'on aurait atteint la nappe jaillissante.

La colonne de tubage refusa de descendre au-delà de 550 mètres, à cause de la résistance des marnes. Comme on savait que l'on était très-rapproché de l'eau, on ne se découragea pas. On pratiqua un sondage d'essai de faible diamètre, et à 577^m,50, on eut le bonheur de rencontrer l'eau. Cette nappe était la même que celle de Grenelle ; cependant elle ne jaillit pas ; elle s'arrêta à quelques mètres au-dessous du sol.

On voulait un résultat plus complet. On continua donc le sondage, avec la certitude de trouver, un peu plus bas, une ou plusieurs autres nappes jaillissantes. Un dernier tube en tôle, de 0^m,70 de diamètre, sur 52 mètres de long, fut introduit dans le précédent, et poussé aussi loin que possible : il s'arrêta dans les marnes. On agrandit alors le sondage d'essai au diamètre de 0^m,70, et on le continua sans interruption.

Enfin, le 24 septembre 1861, à midi, après six ans de travail, la couche des sables verts contenant l'eau jaillissante, fut atteinte, à la profondeur de 586 mètres. Au premier coup de sonde, il sortit 15 000 mètres cubes d'eau par 24 heures. Bientôt le volume de l'eau épanchée chaque jour s'éleva à 20 000 mètres cubes, et il ne descendit pas au-dessous de 17 000, tant que se fit l'écoulement à la surface du sol.

La température de l'eau fournie par le puits artésien de Passy, est de 28 degrés centigrades. Comme celle du puits de Grenelle, elle est parfaitement limpide et propre a tous les usages domestiques.

Le débit du puits de Passy dans les premiers temps fut énorme. Il était en vingt-quatre heures de 20 000 mètres cubes, déversés à fleur du sol. Mais il ne tarda pas, après les travaux définitifs du tubage, à subir une réduction tout aussi énorme. Le puits de Passy ne débite aujourd'hui, par vingt-quatre heures, que 8 000 mètres cubes d'eau. On les réunit aux eaux des réservoirs de Chaillot.

Voici, d'après MM. Poggiale et Lambert la composition de l'eau du puits artésien de Passy, pour un litre d'eau.

Louis Figuier

GAZ.

Azote	17^{cc}
Acide carbonique libre ou provenant des bicarbonates	7

PRINCIPES FIXES.

Carbonate de chaux	0.064 ^{gr}
— de magnésie	0.024
— de potasse	0.012
— de protoxyde de fer	0.001
Sulfate de soude	0.015
Chlorure de sodium	0.009
Acide silicique	0.010
Alumine	0.001
Acide sulfhydrique et sulfure alcalin	0.006
Macères organiques, iodure alcalin, manganèse et perte	0.0044
Total	0.186

Si l'on se reporte à l'analyse de l'eau du puits de Grenelle, que nous avons mentionnée plus haut, et particulièrement à l'analyse de MM. Boutron et Henry, on verra que le poids du résidu solide est sensiblement le même pour les deux eaux. On peut en dire autant de la proportion de leurs éléments constituants. Il est donc permis de conclure que l'eau du puits de Passy et celle du puits de Grenelle proviennent toutes les deux de la même nappe souterraine.

L'eau du puits de Passy ne contient pas d'oxygène ; elle est alcaline comme l'eau du puits de Grenelle ; enfin, elle renferme moins de sels calcaires et magnésiens que les bonnes eaux.

« La température élevée de l'eau du puits de Passy, dit M. Poggiale, sa saveur forte, l'absence d'air, la faible quantité d'acide carbonique et de carbonate calcaire sont des inconvénients sérieux, si on veut l'employer comme boisson. Il faudrait, pour cet usage, l'aérer et la refroidir. Cette eau est néanmoins préférable à toutes les eaux de sources et de rivières pour la plupart des usages publics, particulièrement pour les générateurs de vapeur, pour l'arrosage des plantes, et très-probablement pour le blanchissage. »

CHAPITRE IX

Fig. 388. — Le puits artésien de Passy.

Nous représentons (*fig.* 388) le puits artésien de Passy, tel qu'il existe aujourd'hui. Son aspect est des plus simples. La colonne d'eau n'a pas le caractère jaillissant, et le plus souvent elle se déverse à fleur du sol, comme la plus modeste fontaine. Quand on voit ce faible volume d'eau s'épancher dans le bassin avec si peu d'appareil, on se demande si c'est bien là le puits artésien qui a coûté tant de travaux et d'efforts.

Pour terminer ce chapitre, nous mettrons sous les yeux du lecteur (*fig.* 389) le tableau des terrains qu'a traversés la sonde, dans le forage dont nous venons de raconter les longues péripéties.

En comparant cette coupe avec celle du forage de Grenelle, on observera une identité presque complète quant à la succession des couches, dans les deux localités. La ressemblance était si évidente que M. Elie de Beaumont a pu, sans se tromper, annoncer le jaillissement de l'eau à Passy, quelques heures seulement avant l'événement, par l'inspection des sables verts ramenés du fond du trou de sonde.

Louis Figuier

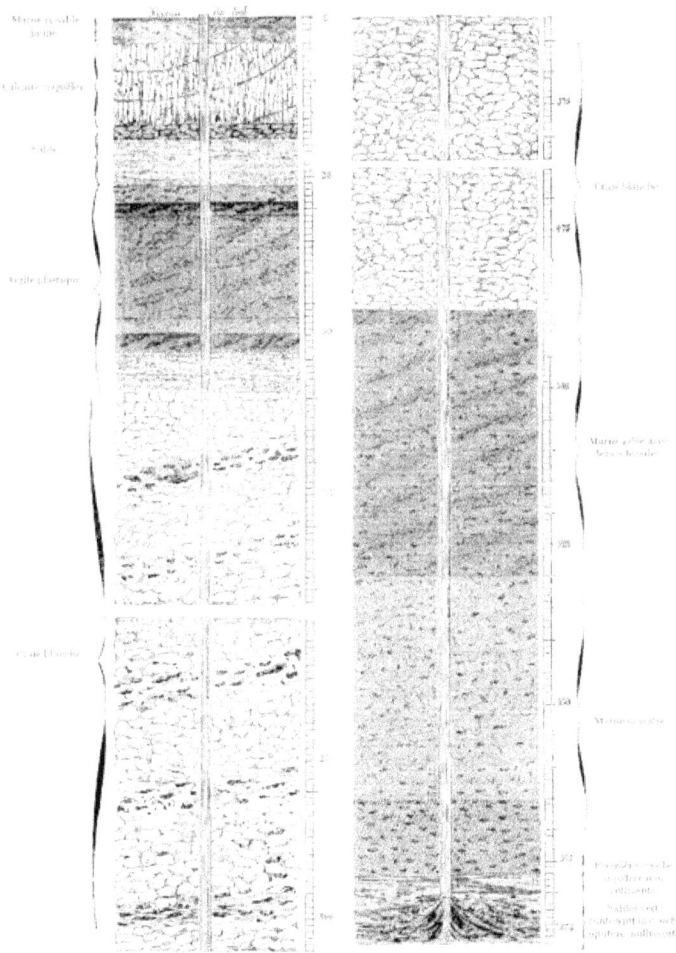

Fig. 389. — Coupe des terrains traversés par le forage du puits artésien de Passy.

CHAPITRE IX

CHAPITRE X

LES PUITS ARTÉSIENS DE LA BUTTE-AUX-CAILLES ET DE LA CHAPELLE SAINT-DENIS.

Deux puits artésiens tout aussi importants que ceux de Grenelle et de Passy, sont en ce moment en cours d'exécution, à Paris. L'un, situé à la Butte-aux-Cailles, près de la barrière Fontainebleau, a été entrepris pas MM. Saint-Just et Dru, successeurs de M. Mulot ; le second, placé à l'autre extrémité de Paris, sur la place Hébert, à la Chapelle Saint-Denis, a été confié à M. Ch. Laurent. Dans les traités passés entre la ville de Paris et ces entrepreneurs, il était dit que l'administration ferait exécuter elle-même deux puits ordinaires de 2 mètres de diamètre, que l'on pousserait, s'il était possible, jusqu'aux premières couches des terrains secondaires, après quoi les concessionnaires du forage auraient à commencer, à cette profondeur, le puits artésien.

Cette clause a été remplie pour le puits de la Butte-aux-Cailles ; un puits a pu être descendu jusque dans la craie, à 80 mètres de profondeur ; alors, MM. Saint-Just et Dru s'en sont emparés, et ont commencé le forage, en donnant au trou le diamètre de $1^m,20$.

À la Chapelle Saint-Denis, les choses se sont passées tout différemment. Le puits ordinaire n'a pu être mené, avec beaucoup de peine, qu'à la profondeur de 34 mètres, l'épaisseur des terrains tertiaires étant, en ce lieu de la ville, de 137 mètres ; il restait donc 102 mètres à percer pour atteindre la craie. Le 16 décembre 1865, on commença à forer au diamètre de $1^m,70$, et l'on arriva ainsi à la profondeur de 68 mètres, sans employer de colonne de garantie, quoique les marnes et les calcaires traversés fussent de nature ébouleuse. À 68 mètres, on descendit une colonne de $1^m,58$ de diamètre intérieur, et on la poussa jusqu'à 120 mètres dans les sables et les argiles plastiques ; malgré tous les efforts, elle refusa d'avancer davantage. On aurait voulu l'amener jusque sur la craie, atteinte le 16 décembre 1866, afin de lui faire intercepter la totalité des terrains ébouleux, et de pouvoir continuer le forage dans la craie au diamètre de $1^m,55$; mais on n'y put réussir. C'est en vain que l'on ajouta à son propre poids, qui n'était pas moindre de 100 000 kilogrammes, une pression considérable ; c'est en vain

Louis Figuier

qu'on l'attaqua avec un mouton de 4 000 kilogrammes : elle résista pendant plusieurs mois, et l'on dut la laisser en repos pour ne pas la déformer.

Une seconde colonne de $1^m,39$ de diamètre intérieur fut donc descendue, pour maintenir les sables et les argiles surmontant la craie : le 20 juillet 1867, l'opération était terminée. Trois mois après, le 1er novembre, on atteignait la profondeur de 280 mètres au diamètre de $1^m,35$.

À la Chapelle Saint-Denis, l'outil broyeur est un trépan circulaire du poids de 4 800 kilogrammes et à dimensions variables : son diamètre a été successivement de $1^m,70$, de $1^m,58$ et de $1^m,35$. Celui de la Butte-aux-cailles pèse environ 2 500 kilogrammes, au diamètre de $1^m,20$; il est à lame pleine.

Les colonnes de garantie employées dans le sondage de la place Hébert, ne sont pas confectionnées à la manière ordinaire. Elles consistent en des feuilles de tôle de 1 millimètre d'épaisseur, superposées et à joints croisés ; leur épaisseur totale est donc de 2 millimètres. Comme elles sont dépourvues de toute saillie permettant de les saisir pour la descente, il a fallu fixer sur leur pourtour un certain nombre de plaques mobiles, retenant un fort tampon en bois de chêne, introduit dans leur intérieur. Ce tampon est garni d'un joint en caoutchouc qui ferme hermétiquement le tube par en haut, de sorte que l'air situé au-dessous se comprime, et en pressant sur l'eau, produit un allégement du poids du tube.

Les diverses portions de la colonne sont assemblées au moyen de rivets mis à chaud. Dès que l'ensemble atteint un poids considérable, 30 ou 40 000 kilogrammes, par exemple, on se sert, pour la descente, de deux ou quatre vis fixées aux tampons, qui tiennent le dernier tube suspendu dans le forage à l'aide de leurs écrous posant sur un pont solide en charpente. Chaque écrou porte une roue dentée qui engrène avec une vis sans fin munie d'une manivelle. Il suffit d'un homme agissant sur chaque manivelle pour faire descendre les vis, et par suite le tube. Par ce procédé, deux hommes manœuvrent parfaitement une colonne de 50 000 kilogrammes. Pour un poids plus considérable, on emploie quatre vis et quatre hommes. La descente de la colonne qui occupe les 140 premiers mètres du forage de la Chapelle, a exigé un mois entier.

CHAPITRE X

Tels sont les détails que nous avons pu recueillir sur les importants travaux de sondage que fait exécuter en ce moment la ville de Paris.

Ce qui peut faire espérer une bonne réussite, c'est le succès d'un puits artésien, d'une profondeur énorme, qui tout récemment, c'est-à-dire au mois de septembre 1869, a été mené à bon port.

Ce nouveau puits artésien à grande profondeur, qui, avec les puits de Grenelle et de Passy, est le troisième de cette catégorie existant à Paris, a été pratiqué dans la grande raffinerie de sucre de M. Say, située au boulevard de la Gare, près de la barrière d'Italie. M. Say avait donné à MM. Saint-Just et Dru, successeurs de M. Mulot, la mission de faire ce puits artésien. Le succès a été complet. Le trépan a rencontré à 562 mètres (cinq fois la hauteur du dôme des Invalides) une nappe liquide qui a fait jaillir une colonne d'eau, à la température de 28° fournissant 10 000 litres d'eau par vingt-quatre heures et pouvant s'élever jusqu'à 25 mètres de hauteur. L'opération n'a demandé que quatre ans, et la dépense totale n'a pas dépassé 300 000 francs.

Espérons que les deux puits que la ville de Paris fait creuser en ce moment à la Chapelle Saint-Denis et à la Butte-aux-cailles, réussiront aussi bien que celui de M. Say.

CHAPITRE XI

PRINCIPAUX PUITS ARTÉSIENS CREUSÉS EN FRANCE ET A L'ÉTRANGER. — LEUR PROFONDEUR ET LEUR DÉBIT.

Nous venons de parler des puits artésiens forés à Paris. Ils nous ont servi à donner des applications intéressantes des procédés décrits dans le premier chapitre de cette Notice. Outre les puits forés dont il vient d'être question, il en existe un grand nombre d'autres, sur toute l'étendue de la France. Parmi les départements les plus favorisés sous ce rapport, nous citerons ceux de la Seine, de Seine-et-Oise, de Seine-et-Marne, de l'Oise, de l'Aisne, de l'Orne, de la Manche, du Calvados, de la Seine-Inférieure, de la Somme, du Pas-de-Calais, du Nord, de la Haute-Marne, des Ardennes, de la Moselle, du Bas-Rhin, de la Haute-Saône, de Saône-et-Loire, de la Loire, de l'Allier, de l'Yonne, de l'Eure, d'Eure-et-Loir, du

Loiret, d'Indre-et-Loire, de Maine-et-Loire, de la Sarthe, du Var, de l'Hérault, des Pyrénées-Orientales.

Parmi les pays étrangers, l'Angleterre, la Belgique, l'Allemagne et l'Italie, sont ceux où l'art des sondages a fait le plus de progrès.

Malgré leur audace et leur esprit d'initiative, les Américains des États-Unis ne sont pas très-avancés sous ce rapport ; et pourtant cette partie du Nouveau-Monde est placée dans d'excellentes conditions, au point de vue des richesses aquifères intérieures.

Les travaux des mines ont beaucoup contribué et contribueront toujours beaucoup, à la multiplication des puits artésiens. Il arrive souvent qu'en sondant le sol, pour y découvrir des gisements de houille, de sel gemme ou de toute autre substance, on rencontre une ou plusieurs nappes d'eaux jaillissantes, qu'on exploite ou qu'on laisse de côté, suivant la position du puits par rapport aux centres de population. Mais on en conclut que le pays est propice à la création de fontaines artésiennes.

Les puits de Grenelle, de Passy et du boulevard de la Gare, dont nous avons parlé dans le chapitre précédent, sont les plus profonds que possèdent le département de la Seine et la France entière.

Dans la Seine-Inférieure, des recherches de houille faites près de Saint-Nicolas-d'Aliermont, à 15 kilomètres de Dieppe, ont amené la découverte de sept nappes ascendantes, dont la plus profonde était située à 333 mètres. Leur abondance était telle qu'en trente-six heures tous les travaux de mines furent inondés. L'eau n'étant pas, dans ce cas, le but des recherches, on se vit contraint d'abandonner l'exploration.

À Sotteville, près Rouen, un forage entrepris pour le compte d'une société houillère, a été poussé jusqu'à 320 mètres par MM. Degousée et Laurent. À 254 mètres, on trouva une source salée très-abondante, d'une température de 25°, et qui jaillit au-dessus du sol. La ville de Rouen n'ayant pas voulu l'utiliser, comme on le lui proposait, pour un établissement de bains destiné à sa nombreuse population ouvrière, le puits a été rebouché.

À Tours et aux environs de cette ville, MM, Degousée et Laurent ont fait, de 1830 à 1837, seize sondages, à une profondeur moyenne de 150 mètres. Le puits de la Ville-aux-Dames, près Tours, ne descend qu'à 105 mètres, mais le débit en est très-remarquable :

5 000 litres d'eau par minute. Un autre puits, creusé à Tours par M. Mulot vers 1839, mesure 213 mètres de profondeur et fournit par minute 4 000 litres d'eau qui sont employés à faire tourner une roue hydraulique.

À Saumur (Maine-et-Loire), un sondage poussé à la profondeur de 110 mètres, a rencontré des eaux qui se sont élevées jusqu'à 1^m,50 en contre-bas du sol de la place Saint-Pierre, situé à 14 mètres au-dessus de la Loire. Après avoir creusé jusqu'à 136 mètres, sans rencontrer une seconde nappe, on abandonna les travaux. Pratiqué sur un point moins élevé de la ville, le forage eût fourni une eau jaillissante.

En 1833, MM. Degousée et Laurent ont foré un puits chez M. le marquis de Boisgelin, au château de Saint-Fargeau (Yonne). Descendu jusqu'à 203 mètres de profondeur, le sondage rencontra deux nappes ascendantes dans les grès verts inférieurs.

Dans le jardin de la Pépinière de Moulins (Allier), des eaux sulfureuses jaillissantes ont été obtenues à la profondeur de 66 mètres.

Dans le même département, un second sondage a été arrêté à la profondeur de 90 mètres sans avoir donné de résultat ; mais deux nappes jaillissantes ont été rencontrées à 29 mètres et 46 mètres dans le château du comte de Ballore, près Moulins.

À Luxeuil (Haute-Saône), sur la place, de la Mairie, on a trouvé des eaux ascendantes provenant de la base des grès rouges, à 102 mètres de profondeur. Le sol de la place de la Mairie étant situé à une vingtaine de mètres au-dessus de la vallée, la colonne liquide n'a pu l'atteindre : elle s'est maintenue à 7^m,30 au-dessous.

Dans le Pas-de-Calais, terre classique des puits artésiens, le forage le plus profond descend jusqu'à 150 mètres, et ses eaux jaillissent à 2^m,60 du sol. Un autre puits situé près de Lillers, et profond de 40 mètres seulement, débite 700 litres d'eau par minute.

À Bager, près de Perpignan (Pyrénées-Orientales), dans une propriété de M. Durand, existe une fontaine artésienne dont le produit n'est pas moindre de 2 000 litres d'eau par minute.

Depuis 1850, un grand nombre de sondages ont été exécutés dans le département de la Moselle, par MM. Mulot, Kind et Laurent et Degousée, pour reconnaître le prolongement du bassin houiller de la Sarre, qui nous a été ravi à la suite des traités de 1815. Ces sondages, poussés jusqu'à des profondeurs de 400 ou 500 mètres, ont presque tous donné issue à des nappes jaillissantes, qui ont entravé les travaux de recherches, et créé de grandes difficultés pour l'établissement des puits d'exploitation.

En 1837, la ville d'Haguenau (Bas-Rhin) a fait exécuter un forage à travers des argiles et des grès. À 289 mètres de profondeur, on a trouvé une nappe minérale jaillissante, que la ville a refusé d'exploiter.

Vers le même temps, de nombreuses recherches d'asphaltes et d'huile de pétrole ayant été entreprises dans ce département, deux puits creusés à Schwabweiller ont fourni des eaux jaillissantes, fort riches en huile minérale et venant d'une profondeur de 25 à 35 mètres.

En Angleterre, comme en France, les puits artésiens sont très-nombreux. L'un des plus importants, sous le rapport du débit, est celui que renferme la fabrique de cuivre laminé de Merton, dans le comté de Surrey : il donne 900 litres d'eau par minute. Un autre, situé dans le parc du duc de Northumberland, à Chewick, a 189 mètres de profondeur, et la colonne liquide jaillit à plus d'un mètre au-dessus du sol.

Les terrains de la Belgique ont une grande analogie, au point de vue géologique, avec ceux de nos départements du Nord. On y rencontre donc également des eaux ascendantes et jaillissantes, et les puits artésiens y sont d'autant plus multipliés qu'on y exécute très-fréquemment des sondages pour la recherche des nouveaux gisements houillers.

À Mondorff (grand-duché de Luxembourg), M. Kind a creusé un puits qui a jusqu'à 730 mètres de profondeur totale. Il en sort une grande quantité d'eau minérale jaillissante, que l'on exploite dans un établissement thermal. L'épaisseur de la nappe est très-considérable, car on commence à trouver de l'eau à 502 mètres, et l'on ne cesse d'en rencontrer qu'à la profondeur de 720 mètres ; la nappe liquide a donc 218 mètres de hauteur.

Le forage de Mondorff avait été entrepris pour la recherche du sel gemme et des eaux salifères ; mais aucun résultat ne fut obtenu à la profondeur de 730 mètres, et l'on ne jugea pas à propos de pousser plus loin les travaux. Les eaux jaillissantes ayant alors été analysées, on reconnut leurs qualités, et un établissement thermal se fonda à Mondorff.

Ce puits foré est le plus profond de tous ceux qui existent au monde.

Un autre puits également très-profond, c'est celui de Neu-Salzwerk, en Westphalie : il descend jusqu'à 644 mètres, et fournit par minute 1 683 litres d'une eau qui renferme 4 pour 100 de sel.

MM. Laurent et Degousée ont fait pour les bains de Hombourg, en Allemagne, sept sondages, qui ont amené la découverte de quatre sources thermales, l'une sulfureuse, l'autre ferrugineuse, la troisième d'eau saumâtre, et la quatrième d'eau douce. La dernière est située à une profondeur de 448 mètres. Plus tard, M. Kind a obtenu des eaux thermales jaillissantes à 500 mètres.

En Italie, différents sondages ont été exécutés à Naples, Bologne, Modène, Venise et sur d'autre points secondaires.

Les deux sondages de Naples ont été couronnes d'un plein succès : l'un a été entrepris dans le jardin du Palais-Royal ; l'autre, sur la place de la Villa Reale. Le premier a 465 mètres de profondeur. Deux nappes liquides ont été atteintes, l'une à 265 mètres, la seconde au fond du puits, fortement chargée d'acide carbonique et douée d'une plus grande puissance ascensionnelle que la précédente. L'eau s'élève dans une belle fontaine située au milieu du jardin du Palais ; il en sort près de 2 000 litres par minute. Le puits de la place de la Villa Reale mesure 281^m,50, et l'eau en jaillit à 2^m,50 au-dessus du sol.

Jusqu'en 1844, la ville de Venise n'avait été alimentée en eaux potables que par les eaux de pluie, que l'on recueillait dans plus de deux mille citernes, publiques ou privées, et par l'eau du canal d'eau douce nommé la *Seriole* (dérivation de la Brenta). De nombreuses tentatives de sondages furent faites, de 1815 à 1830, par le gouvernement autrichien ; mais elles échouèrent constamment, par suite de la présence de sables fluides dans les terrains à perforer. On avait perdu tout espoir, lorsque M. Degousée traita avec la municipalité de Venise, et, fort des études qu'il avait faites sur les lieux, se chargea de l'opération à ses risques et périls. Le traité fut conclu le 1er février 1846.

Louis Figuier

Au mois d'août, un sondage était commencé sur la place Santa-Maria-Formosa. Six mois plus tard, on atteignait une nappe liquide à la profondeur de 61 mètres, et l'eau jaillissait au-dessus du sol.

Quelque temps après, un autre puits, creusé sur la place Saint-Paul, à la même profondeur, débitait par minute 250 litres d'eau jaillissant à 4 mètres au-dessus du sol.

Divers autres forages, exécutés avec le même succès, portèrent bientôt à 1 656 mètres cubes, la quantité d'eau quotidiennement fournie à Venise par les fontaines artésiennes.

Il y eut quelques déceptions. Certaines nappes étaient tellement chargées de gaz qu'elles sortaient du sol sous forme de flots boueux, puis soudain cessaient de s'élever. On vit une fois la boue jaillir jusqu'à 14 mètres au-dessus du sol. Il fut impossible de régulariser l'écoulement de ces nappes et d'en tirer quelque profit.

CHAPITRE XII
LES PUITS ARTÉSIENS DANS L'AFRIQUE FRANÇAISE.

Les déserts du nord de l'Afrique sont éminemment propres à la création des puits artésiens. C'est ce qui a été reconnu, bien qu'un peu tard. Les essais faits pour la création des puits artésiens, dans le Sahara, ont donné les résultats les plus heureux.

C'est en 1856, et par l'initiative du général Desvaux, que fut inaugurée, au désert, par nos ingénieurs et nos soldats, cette ère nouvelle de travaux, qui amènera sans doute un changement bien désirable dans les mœurs et les habitudes des nomades habitants du Sahara. Le général Desvaux a raconté comme il suit les circonstances dans lesquelles son attention fut attirée sur l'opportunité de tenter des sondages artésiens sous les sables du désert.

« En 1854, dit le général Desvaux dans un de ses rapports au gouverneur de l'Algérie, me trouvant à Sidi-Rached, au nord de Touggourt, le hasard m'avait conduit au sommet d'un mamelon de sable qui domine l'oasis entière. Vous dire l'impression que me causa la vue de cet oasis est impossible ; à ma droite, les palmiers verdoyants, les jardins cultivés, la vie en un mot, à ma gauche, la stérilité, la désolation, la mort ! Je fis appeler le cheik et les habitants, et l'on m'apprit que ces différences tenaient à ce que les puits du nord étaient comblés par le sable, et que les eaux parasites empêchaient de creuser de nouveaux puits. Encore quelques jours, et cette population devait se disperser… Je compris en ce moment les féconds résultats que pourraient donner dans cette contrée les travaux artésiens, et, grâce à vous, monsieur le gouverneur général, qui avez bien voulu, accueillir mes propositions, leur donner un appui, la vie sera rendue à plusieurs oasis de l'Oued-R'ir, et l'avenir renferme les espérances les plus magnifiques. »

Et, comme nous le verrons bientôt, l'avenir n'a pas démenti ces espérances. Touggourt, l'Oued-Souf et l'Oued-R'ir, dans le Sahara oriental, venaient d'être soumis par nos armes. En 1855, six colonnes dirigées simultanément vers le sud, parcouraient ces régions, naguère ennemies et remuantes, alors tranquilles et comprenant les bienfaits de la paix. Avec ces colonnes marchait un ingénieur, M. Charles Laurent, gendre et associé de M. Degousée, mort en 1862. À l'instigation du général Desvaux, M. Laurent étudiait le pays, pour tenter d'y creuser des puits artésiens.

Les Arabes suivaient avec surprise, et non sans montrer quelque dédain, cette tentative de la science européenne.

Les habitants du Sahara ne sont pas tout à fait étrangers à l'art de creuser les puits, pour obtenir des eaux jaillissantes. Dans quelques régions, par exemple, dans l'Oued-R'ir, à Ouargla, des puits artésiens ont de tout temps existé. C'est ce que prouvent les légendes populaires et les témoignages des auteurs anciens.

Les moyens employés dans la partie orientale du Sahara algérien, pour le creusement des puits, sont, toutefois, vraiment barbares. Tout le travail se fait à la main, ou avec les outils les plus grossiers, qui se réduisent à une petite pioche au manche court, pour creuser la terre, et à un panier fixé à une corde, pour remonter les déblais. Avec des moyens de travail si élémentaires, les Arabes sont pourtant parvenus à creuser des puits atteignant jusqu'à 80 mètres de profondeur. Seulement, ce n'est qu'au prix des plus grands efforts et des plus sérieux dangers qu'ils descendent à de telles profondeurs.

Louis Figuier

Fig. 390. — M. Ch. Laurent.

Les puisatiers forment, parmi les Arabes de l'Oued-R'ir, une corporation particulière, qui jouit de certains privilèges et d'une considération qui les attache à leur pénible métier. L'impossibilité d'épuiser les eaux d'infiltration les contraint à travailler fréquemment sous l'eau, et souvent sous des colonnes de 40 à 50 mètres de hauteur. Quelques-uns périssent par suffocation ; les autres meurent de phthisie pulmonaire au bout de peu d'années. Chaque plongeur reste de deux à trois minutes sous l'eau, et il ne fait, dans la journée, que quatre immersions. Le résultat de ce travail, quand le puits est à environ 40 mètres de profondeur, est l'extraction de 30 à 40 litres de déblais.

Le creusement d'un puits opéré dans des conditions si anormales, doit nécessairement marcher avec une lenteur excessive. Plusieurs puits creusés par les indigènes ont exigé jusqu'à quatre et cinq années de travail, et pour celui de Tamerna, on payait aux ouvriers une mesure de blé par mesure de terre extraite.

CHAPITRE XII

M. Ch. Laurent, qui a vu les *R'tass* à l'œuvre, donne la description suivante de la manière dont les puisatiers arabes procèdent à leur pénible travail :

« Près de l'ouverture du puits, dit M. Ch. Laurent, se trouve un feu assez vif où ces plongeurs, la plupart phthisiques et abrutis par l'abus du kif (espèce de chanvre indien qu'ils fument), se chauffent fortement et avec le plus grand soin tout le corps, avant d'entreprendre leur descente. Leurs cheveux sont rasés, et leurs oreilles sont bouchées avec du coton imprégné de graisse de chèvre.

« Ainsi chauffé et préparé, l'homme dont le tour de faire le plongeon est arrivé, descend dans le puits et entre dans l'eau jusqu'au-dessus des épaules. Assujetti dans cette position au moyen des pieds, qu'il fixe aux boisages, il fait ses ablutions, quelques prières, puis tousse, crache, éternue, se mouche, amène sa bouche au niveau de l'eau, fait une série d'aspirations et d'expirations assez bruyantes, et enfin, tous ces préparatifs terminés (ils durent au moins devant les étrangers une dizaine de minutes), il saisit la corde et semble se laisser glisser. Arrivé au fond, à l'aide des mains, ou plutôt d'une main, il remplit le panier qui l'y a précédé. L'opération faite, il ressaisit sa corde des deux mains et remonte. Il est probable que souvent il est obligé de se servir de cette corde ou du poids qui y est fixé pour se maintenir au fond, ayant à vaincre une force ascensionnelle qui tend à le ramener à la surface.

« Quelquefois il arrive que le plongeur est suffoqué, soit avant d'arriver au fond, soit pendant son travail, soit pendant qu'il accomplit son ascension pour revenir au jour. Un de ses camarades, qui, tout le temps que dure son opération, tient attentivement la corde servant de direction et de signal, averti, par quelques mouvements et secousses imprimés à la corde, du danger que court le patient, se précipite à son secours, tandis qu'un autre le remplace à son poste d'observation, qu'il quitte aussi à un nouveau signal pour aller au secours de ses deux confrères, ainsi que je l'ai vu. Trois plongeurs se trouvaient donc ensemble ; deux ayant réclamé du secours dans ce puits de dimensions si restreintes, cette grappe humaine est revenue à la surface, le premier descendu en dessus et le dernier en dessous.

« Le premier mouvement de ceux qui ont été secourus est

d'embrasser le sommet de la tête de leur sauveur en signe de reconnaissance. Il est à remarquer que ceux qui plongent au secours de leurs confrères le font instantanément, sans se préoccuper des préparatifs minutieux pratiqués par le premier descendu.

« Sur six plongeurs successifs réunis autour de ce puits, la durée de chaque immersion a varié entre deux minutes, la plus prompte, et deux minutes quarante secondes, la plus longue. Plusieurs officiers supérieurs qui étaient présents avec moi à l'opération m'ont affirmé en avoir vu, l'année précédente, rester trois minutes. On remarquera que la profondeur du puits n'était à ce moment que de 45 mètres ; que l'eau était dormante ; que, sur six plongeurs, deux ont réclamé le secours, et que le résultat de leur travail fut deux confins de sable, pouvant contenir 8 à 10 litres. Que doit-il donc se passer, lorsque le puits à 80 mètres et que l'eau a un écoulement, quelque léger qu'il soit.[1] »

Il est facile de comprendre que les plus légères difficultés arrêtent et paralysent totalement le travail des *R'tass*. Dès les premières nappes jaillissantes, la force ascensionnelle de l'eau empêche les plongeurs de forer le sol plus avant. Une couche de terre un peu dure, rencontrée à une certaine profondeur, leur oppose un obstacle insurmontable. Enfin, l'invasion fréquente des sables dans le puits, nécessite de nouveaux forages, pénibles, et souvent infructueux. Aussi, beaucoup de puits creusés par les indigènes sont-ils demeurés inachevés, lorsqu'ils avaient atteint 40 et 50 mètres de profondeur, et au moment où il ne restait plus que quelques mètres à creuser pour arriver à la nappe jaillissante.

Les puits creusés par les *R'tass* sont carrés ; ils sont toujours d'une faible largeur, qui varie de 0^m,60 à 0^m,90 de côté. Pour tout revêtement, on se borne à placer dans les parties exposées aux éboulements, un coffrage grossièrement fabriqué en bois de palmier. Aussi l'existence de ces puits est-elle fort éphémère. Le boisage pourrit, et finit par céder à la pression des terres ; les sables font irruption, l'écoulement de l'eau s'arrête, et si les plongeurs ne parviennent pas à réparer ces désastres, à la place du puits qui répandait la fécondité dans la contrée, il ne reste qu'un trou rempli d'une eau corrompue ou d'une boue infecte, formée par les débris

---

1 *Mémoires sur le Sahara, au point de vue de l'établissement des puits artésiens*, in-8. Paris, 1859.

CHAPITRE XII

macérés des feuilles de palmier.

Pendant la visite d'exploration qu'il faisait, en 1855, à la suite de nos colonnes, M. Charles Laurent excita singulièrement la curiosité des Arabes, en faisant fonctionner devant eux la *soupape à boulet*, qui sert à désensabler les puits. Il leur prouva que cet instrument, d'une construction très-simple, pourrait dispenser les R'tass de leurs périlleux voyages, car il ramène en une demi-heure, plus de terre et de déblais qu'un plongeur arabe n'en peut extraire en un jour.

Avant de passer en revue les études de M. Charles Laurent, puis la mise en pratique de ses idées sur la situation de la couche de terrain aquifère, nous allons jeter un coup d'œil rapide sur la constitution orographique et géologique des districts de l'Algérie où s'accomplissent maintenant de grands travaux de sondage artésien.

La partie septentrionale, nommée le *Tell algérien*, est une région montagneuse, coupée de vallées, de vastes plateaux, de sommités plus ou moins abruptes. Cette zone accidentée n'a pas partout la même largeur ; elle est à son maximum sous la longitude de Constantine, où elle s'étend sur un espace de 250 kilomètres. Les couches qui constituent ce terrain sont très-tourmentées et très-variées. Ce sont d'abord, sur la frontière, des roches schisteuses anciennes, auxquelles succèdent en allant vers le sud, des grèstriasiques. Dans le massif même, les roches calcaires des terrains crétacés dominent d'abord et sont jointes à des calcaires de la période jurassique et de l'étage nummulitique. Entre ces roches et ces plateaux, à Smendou, au sud de Constantine et à El-Outaïa, par exemple, on rencontre de petits bassins et des lambeaux de terrains tertiaires moyens.

Le Sahara commence au pied du versant méridional de cette région accidentée. Des hauteurs des monts Aurès, l'immense désert apparaît comme une plaine sans limites et sans ondulations sensibles à l'œil. L'horizon, effacé par la distance, ne trace aucune limite entre le ciel et cette mer de sable. La monotonie ou plutôt la désolation d'un tel spectacle, n'est interrompue que par l'aspect de rares bouquets de palmiers, dénotant l'emplacement d'une oasis. La vue se repose alors sur ces points verts disséminés dans la plaine aride, et l'imagination, frappée par le contraire de la sécheresse, de l'aridité et de l'ardeur brûlante du désert, avec la fraîcheur et la fertilité de l'oasis, se plaît à multiplier ces heureux séjours, retraites précieuses pour les caravanes et les voyageurs.

Pour accomplir ce rêve de l'imagination, que faut-il ? Une source naturelle, ou, à son défaut, un puits creusé par l'industrie des hommes.

En quelques années, les Français ont accompli ce bienfait que les Arabes, avec leur apathie naturelle, avaient attendu pendant des siècles. À M. Charles Laurent revient l'honneur d'avoir appelé l'attention sur cette question et d'avoir entrepris les premiers travaux.

Cet ingénieur croit que le Sahara n'est qu'un ancien golfe, dont l'ouverture aurait été située vers Gabès, dans la régence de Tunis, de sorte que pendant la période géologique quaternaire le Tell aurait formé une grande presqu'île s'avançant dans la Méditerranée, de l'ouest vers l'est, ou peut-être séparant deux vastes mers. Les renseignements peu précis que l'on possède sur ces limites méridionales du grand désert, tendent à établir qu'il est borné, vers le sud comme vers le nord, par des montagnes.

Le Sahara est, en effet, une énorme dépression, qui a été comblée probablement à l'époque quaternaire. Le sol de ce désert qui, vers l'ouest, a une altitude de 5 à 600 mètres au-dessus du niveau de la mer, s'abaisse vers l'est, au point de descendre, dans la partie marécageuse du Sahara oriental, jusqu'à 86 mètres au-dessous du niveau de la mer. Des terrasses alignées dans un sens parallèle à la ligne des monts Aurès indiquent les anciens rivages du golfe, dont les contours sont du reste marqués par des dépôts de sables identiques à ceux que rejette actuellement la Méditerranée, et mélangés comme eux, sur beaucoup de points, d'une coquille qui pullule encore dans cette mer, le *cardium edule*.

D'énormes masses de *poudingues*, composés en grande partie de débris calcaires entraînés violemment des massifs crétacés qui forment les montagnes voisines, et roulés par les torrents diluviens à l'époque quaternaire, ont d'abord comblé peu à peu ce vaste bassin. Partout on les voit apparaître, aussi bien vers la lisière septentrionale du Sahara, où ils recouvrent les roches secondaires et tertiaires, que vers le sud, où ils sont, au contraire, recouverts par des masses plus récentes. À mesure que ces *poudingues* se sont éloignés des points d'où ils ont été entraînés, on les retrouve de plus en plus désagrégés. Ainsi, tandis qu'ils sont à l'état de blocs énormes vers le nord, on les voit réduits à l'état de sable fin vers le sud. Il semble que, tandis que ce transport s'effectuait, une force souterraine ait soulevé la partie occidentale du bassin, pendant que la partie orientale s'abaissait. C'est ce que prouve du moins l'allure des dépôts de marne, de sable et de limon plus ou moins agglutinés par des infiltrations gypseuses, et entremêlés de cristaux de chaux qui recouvrent ces *poudingues* et forment le sol du désert.

C'est à Biskra que commence le Sahara oriental, dans lequel ont été exécutés les travaux que nous avons à mentionner.

M. Ch. Laurent, en explorant en 1855, à la suite de nos colonnes expéditionnaires victorieuses, le sol de cette contrée, s'efforça de deviner les allures de la nappe d'eau souterraine.

Après avoir reconnu que la constitution géologique du sol était telle que nous venons de l'indiquer, M. Ch. Laurent conclut que, contrairement à l'opinion généralement admise chez les Arabes, les eaux s'infiltrent sur tout le pourtour du bassin saharien, dans les couches de poudingues inférieurs formant la lisière de ce bassin, et qui deviennent dès lors la couche aquifère. La direction du courant d'eau doit donc aller du nord au sud. C'est ce que l'on vérifie par l'inspection des puits et des sources. La nappe suit dès lors les ondulations du sol, tantôt en formant une série de bassins étagés se déversant les uns dans les autres, tantôt remontant sous l'action de la pression due à l'altitude des points d'infiltration, jusqu'à des hauteurs supérieures au niveau de la mer, toujours se maintenant à une distance de la surface de la terre comprise entre 50 et 100 mètres.

Parfois cette nappe se divise en plusieurs couches superposées ; en sorte qu'elle fournit à la sonde des sources qui jaillissent à différentes profondeurs.

Ces données positives une fois établies, le forage d'un certain nombre de puits artésiens dans le Sahara fut décidé par le gouvernement français. Une période de conquêtes venait de soumettre par force les Arabes, dans le Chott-Melr'ir, l'Oued-

R'ir, l'Oued-Souf et les Zibans, provinces qui composent le Sahara oriental. On jugea que des travaux utiles devaient nous attacher les indigènes par la reconnaissance.

Le travail du forage du premier puits artésien, dans le Sahara, commença, au printemps de 1856, à Tamerna, dans l'Oued-R'ir, grâce à un matériel de sondage envoyé par la maison Degousée, et qui, débarqué à Philippeville, fut amené, non sans les plus grandes difficultés, à travers les sables, jusqu'au lieu du travail. Dirigé par M. Jus, ingénieur civil, qui avait été envoyé par la maison Degousée, le forage, poussé, en quarante jours, jusqu'à 60 mètres, atteignit bientôt une nappe jaillissante qui fournit 4 500 litres d'eau par minute, c'est-à-dire cinq à six fois plus d'eau que n'en débite notre puits de Grenelle.

Pendant la durée des travaux, les indigènes avaient passé par des émotions bien diverses. S'ils éprouvaient le secret désir de nous voir mortifiés par un insuccès, ils n'en calculaient pas moins les avantages qu'ils devaient retirer de la réussite.

L'enthousiasme et la joie des habitants de l'Oued-R'ir furent immenses à la vue de l'abondante rivière qui s'élançait des profondeurs du sol. Cette nouvelle s'étant rapidement propagée dans le sud du Sahara, les Arabes se rendirent en foule à Tamerna, pour admirer cette merveille. On organisa une fête solennelle, pendant laquelle la nouvelle fontaine fut bénite par le marabout, qui lui donna le nom de *Fontaine de la Paix*.

Interrompus pendant l'été, les travaux furent repris en décembre 1856, sous la direction de M. Jus, secondé par le sous-lieutenant Lehaut. Dans cette campagne, cinq puits jaillissants furent forés : deux au midi de Touggourt, dotaient de 155 litres d'eau par minute l'oasis de Temacin. Un autre, donnant 4 300 litres d'eau par minute, rendait la vie à l'oasis expirante de Sidi-Rached. Enfin, dans les Zibans, deux forages créaient dans le désert de Morrian des sources autour desquelles venaient se fixer des fractions de tribus nomades, l'une au pied du Coudiat-el-Dehos, à Oum-el-Thiour, donnant 180 litres, l'autre à Chegga, débitant 90 litres par minute. Ces deux puits, en abrégeant les étapes entre Biskra et l'Oued-R'ir, faisaient naître des oasis dans un espace auparavant désert. En résumé, la campagne de 1856-1857 enrichit le Sahara d'un tribut constant de 9 125 litres d'eau par minute, c'est-à-dire d'un volume d'eau égal à celui d'une petite rivière.

Pendant l'exécution de ces divers travaux, les Arabes n'avaient cessé de donner les témoignages de leur profonde reconnaissance pour une œuvre qui les rattachait plus solidement à la France que toutes les preuves qu'elle avait pu leur donner de sa puissance militaire. Après le sondage entrepris dans l'oasis de Tamerna, le marabout, comme nous le disions plus haut, offrit une fête à nos soldats ; il les remercia devant toute la population de Temacin, et voulut les accompagner jusqu'aux dernières limites de l'oasis.

L'éruption de l'eau dans le puits artésien de Sidi-Rached, ancienne oasis ruinée par la sécheresse, donna lieu à des scènes touchantes. Dès que les cris de nos soldats eurent annoncé que l'eau venait de jaillir, les indigènes accoururent en foule, se précipitant sur cette rivière merveilleuse arrachée aux profondeurs du sol. Les mères y baignaient leurs enfants. À la vue de cette onde qui rendait la vie à sa famille, à l'oasis de ses pères, le vieux cheik de Sidi-Rached ne put maîtriser son émotion, et, tombant à genoux, il éleva ses mains vers le ciel, remerciant Dieu et les Français (*fig.* 391).

Fig. 391. — Joie des Arabes à la vue du jaillissement de l'eau du puits artésien de Sidi-Rached.

Louis Figuier

Cette source, qui vient de la profondeur de 54 mètres, fournit 4 300 litres d'eau par minute.

Le puits creusé à Oum-el-Thiour donna immédiatement des résultats précieux pour les tribus nomades. Dans la prévision du succès, on avait déjà tout préparé à Oum-el-Thiour, pour tirer parti, sans perdre de temps, de la richesse qui était attendue. Lorsque l'eau eut jailli, une fraction de la tribu des Selmia et son cheik Aïssa-Ben-Sbâ, commencèrent la construction d'un village, y plantèrent 1 200 dattiers, et, renonçant à la vie nomade pour se fixer au sol, y établirent leur résidence permanente.

Une autre campagne eut lieu l'année suivante. Un nouvel équipage de sondes, qui avait été acquis, permit de créer un deuxième atelier, dont la direction fut confiée au lieutenant Lehaut, M. Jus restant à la tête du premier. Dans cette campagne, neuf puits artésiens furent forés ; mais ils ne donnèrent pas tous des résultats satisfaisants : cinq seulement réussirent complètement. Leur ensemble eut pour résultat de verser sur le Sahara oriental 9 886 litres d'eau par minute.

La campagne de 1858-1859 fut un peu contrariée par l'envoi en Italie des soldats qui composaient les ateliers. Deux nouveaux puits furent pourtant ouverts dans le Hodna, et un deuxième à Chegga. Dans l'Oued-R'ir, six forages amenaient au jour des eaux jaillissantes. Sur ces six sondages, deux seulement, au nord de Tamerna, rencontraient des nappes d'une grande richesse, l'une à Djama, donnant 4 600 litres, l'autre à Sidi-Amram débitant 4 800 litres par minute. Dans cette dernière période, les R'tass s'associèrent aux travaux. Le général Desvaux les avait déjà, en 1856, réunis en corporation, et leur avait laissé le privilège d'extraire les sables aux mêmes conditions que par le passé ; un petit équipage de sonde fut même confié aux R'tass, sous la direction d'un caporal et de deux soldats français ; mais, jusqu'en 1858, ils s'étaient montrés hostiles et s'étaient tenus à l'écart.

Dans l'automne de 1859, les travaux recommencèrent avec une nouvelle activité. L'atelier du Hodna, dirigé par M. Jus, creusait quatre puits, dont trois donnaient ensemble 425 litres par minute. La profondeur de ces puits varie de 133 à 160 mètres. Le quatrième puits, ouvert dans les parties hautes de la plaine, près

CHAPITRE XII

des montagnes, fut surtout un puits d'essai. Poussé jusqu'à une profondeur de 164 mètres, il ne donna que des eaux ascendantes, de sorte qu'il ne put être utilisé que comme puits ordinaire. Dans les Zibans, l'atelier forait à Chegga un troisième et un quatrième puits, qui fournissaient ensemble 700 litres, et un troisième à Oum-el-Thiour, donnant 180 litres.

Ce puits fut le dernier creusé par le lieutenant Lehaut. Au mois de mai 1860, cet officier actif et dévoué mourait à Batna. M. le lieutenant d'artillerie Zickel prit la direction des travaux, et alla inaugurer à Ourlana, dans l'Oued-R'ir, une nouvelle série de sondages.

Pour terminer l'histoire de la campagne de 1859-1860, nous avons encore à mentionner les travaux d'achèvement et de curage exécutés dans dix-huit puits inachevés ou obstrués des oasis de Touggourt, par un petit atelier muni d'un appareil léger de sondage. Cet atelier était manœuvré par des ouvriers indigènes. Une grande abondance d'eau fut ainsi acquise à l'Oued-R'ir.

En résumé, dans l'intervalle des cinq années qui s'écoulèrent depuis le commencement des travaux jusqu'à la fin de la campagne de 1860, cinquante puits furent forés dans le Sahara oriental, donnant ensemble 36 761 litres d'eau par minute, ou 52 923 mètres cubes par vingt-quatre heures, ce qui représente le débit de plusieurs rivières. La dépense totale, qui avait été de 298 000 fr., fut couverte par les centimes additionnels et par les contributions des Arabes.

La pureté des eaux des puits artésiens du Sahara laisse, malheureusement, beaucoup à désirer. Quelques-unes renferment une proportion de matières dissoutes supérieure à celles qui constituent les bonnes eaux potables. Les eaux du Hodna sont les plus pures ; elles ne renferment que $1^{gr},18$ à 2^{gr} de sels par litre. Dans les Zibans et dans l'Oued-R'ir, elles sont beaucoup plus chargées de sels : la quantité minimum de ces sels est déjà de $4^{gr},2$ par litre pour le puits de Djama ; elle s'élève jusqu'à 12 grammes, dans les eaux du forage de Bram. Les chlorures de sodium et de magnésium, les sulfates de soude, de magnésie et de chaux, sont les sels dominants ; ils donnent à l'eau une saveur fortement salée et amère.

Louis Figuier

De telles eaux seraient dédaignées par des Européens ; mais les Arabes s'en contentent, et elles sont loin de nuire aux palmiers et aux autres végétaux des oasis. Il est à remarquer, du reste, que les puits ordinaires fournissent, sur certains points, des eaux moins chargées de matières salines, et par conséquent plus potables que celles qui coulent des puits artésiens.

Est-il nécessaire de dire maintenant qu'en dotant les déserts du Sahara de sources d'eau plus ou moins pures, on a fait naître l'activité et la vie dans des régions jusque-là mornes et arides ? Dans les cinq années qui se sont écoulées depuis le commencement des travaux jusqu'à l'année 1860, 30 000 palmiers et 1 000 arbres fruitiers furent plantés ; de nombreuses oasis se relevèrent de leurs ruines et deux villages furent créés dans le désert.

La plupart des oasis du Sahara ne doivent, en effet, leur existence qu'aux puits creusés par les indigènes, ou à quelques sources qui s'échappent naturellement du sol. Sans eau, la vie est impossible au désert ; quand une source tarit, un centre de population disparaît. « Le palmier, disent les Arabes,*vit le pied dans l'eau et la tête dans le feu.* » Privé d'eau, cet arbre périt, et il entraîne avec lui des cultures qui ne sont possibles que sous son ombre. Les ruines éparses dans le Sahara attestent l'existence de villages, et même de villes importantes, dont la destruction n'eut pas d'autre cause que l'arrêt accidentel des sources qui les alimentaient autrefois.

M. le général Desvaux s'exprime ainsi, dans le rapport que nous avons déjà cité, au sujet de l'influence qu'a exercée sur la civilisation des tribus nomades, le forage de quelques puits dans le Sahara oriental :

« Les forages artésiens ont donné lieu à un fait des plus importants, à une révolution remarquable dans la constitution de la société arabe. La fraction des Selmia, les nomades par excellence, se fixant à Oum-el-Thiour, témoigne des idées nouvelles introduites dans l'esprit des tribus du Sahara et de la possibilité de leur transformation. Le développement de la race européenne dans le Tell forcera à restreindre un jour ces émigrations périodiques des nomades qui, traînant à leur suite famille et troupeaux, causent sur leur passage une véritable perturbation ; on pourra alors les établir dans les oasis nouvelles. Depuis la conquête de l'Afrique,

CHAPITRE XII

ces grandes tribus arabes avaient conservé avec pureté la langue et les mœurs de leurs ancêtres ; rien n'avait pu les faire renoncer aux habitudes de la vie de pasteur ; il a suffi de quelques années de la domination française, de quelques puits artésiens pour faire brèche à une civilisation séculaire, aux instincts d'une race immuable, malgré ses déplacements fréquents. Le progrès matériel a été suivi du progrès moral. »

Dans son mémoire sur les *Sondages artésiens du Sahara*, publié en 1859, et que nous avons cité plus haut, M. Charles Laurent parlait du fait singulier de l'existence de certains poissons dans les eaux lancées par les puits artésiens du désert. M. le lieutenant Zickel a recueilli et envoyé à la *Société industrielle de Mulhouse*, plusieurs de ces poissons provenant d'un puits foré à 12 kilomètres au nord de Touggourt, et qui, venant d'une profondeur de 45 mètres, fournit 2 800 litres d'eau par minute. Ces poissons sont longs de 4 à 5 centimètres.

Comment des eaux souterraines peuvent-elles renfermer de tels habitants ? Dans les nappes profondes qui alimentent ces puits, existe-t-il des canaux assez vastes et assez bien aérés pour que les poissons puissent y vivre ? Est-ce à l'état de frai que l'eau les rejette, et leur reproduction ne se ferait-elle que dans l'eau parvenue dans notre atmosphère ? Les renseignements manquent sur ce point curieux et nouveau de l'histoire de l'intérieur de notre globe. Tout ce que nous dit M. Zickel, c'est que les yeux de ces poissons sont bien développés, ce qui exclurait l'idée d'une longue existence souterraine.

CHAPITRE XIII

CONSIDÉRATIONS GÉNÉRALES SUR LES PUITS FORÉS. — EFFETS DES MARÉES SUR CERTAINS PUITS ARTÉSIENS. — PARTICULARITÉS QUE PRÉSENTENT CERTAINS PUITS ARTÉSIENS. — PEUVENT-ILS TARIR ? — TEMPÉRATURE DES EAUX FOURNIES PAR LES PUITS ARTÉSIENS. — USAGES DE CES EAUX.

Nous terminerons cette Notice par quelques considérations générales sur les puits artésiens, s'appliquant à l'ensemble des sources jaillissantes aujourd'hui connues.

Disons d'abord que le régime de certains puits artésiens est lié au phénomène des marées, c'est-à-dire que leur débit s'accroît ou diminue selon le flux ou le reflux de la mer.

Ce fait est parfaitement constaté, pour quelques localités voisines de la mer ; on remarque que le niveau des fontaines artésiennes monte et baisse avec la marée. La ville de Noyelle-sur-mer (Somme), et toute la contrée aux alentours d'Abbeville, en ont fourni des exemples.

À Fulham, près de la Tamise, un puits de 97 mètres de profondeur, débite 273 ou 363 litres d'eau, selon que la marée est basse ou haute.

Il existe sur la côte occidentale d'Islande, des sources d'eau douce dont le produit augmenté et diminue avec le flux et le reflux de la mer. Certaines sources thermales haussent même complètement aux époques des plus basses marées.

Arago a le premier donné l'explication de ce phénomène.

Supposons qu'un puits artésien soit alimenté par une rivière souterraine, qui va déboucher dans la mer ou dans un fleuve où se fasse sentir l'influence des marées. N'est-il pas évident que lorsque la haute mer arrivera sur l'orifice de sortie de cette rivière, elle diminuera son débit par l'effet d'une augmentation de pression sur le courant souterrain qui cherche à s'échapper, et que ce courant refluera sur tous les points où il ne trouvera pas d'obstacle à son mouvement ? Le niveau de l'eau montera donc dans les puits artésiens alimentés par la rivière que nous considérons. Un effet contraire se produira à la marée basse.

Cette théorie a été confirmée par des observations faites avec soin sur un puits creusé en 1840 à l'hôpital militaire de Lille. Ce puits éprouvant toutes les vingt-quatre heures des variations de débit, le capitaine du génie Bailly fut chargé, sur la demande d'Arago, de tenir note exacte de ces variations, ainsi que des heures où elles se produisaient. Des observations de M. Bailly, il résulta que les variations les plus considérables coïncidaient avec les syzygies lunaires, et les moins grandes avec les quadratures lunaires : indice certain qu'elles dépendaient du phénomène des marées. En comparant l'heure de la pleine mer, sur la côte la plus voisine, avec celle à laquelle se produisait le débit maximum du puits de Lille, on constata une différence de huit heures ; d'où l'on peut conclure que la pression exercée par la haute mer sur l'orifice de sortie de la rivière souterraine, emploie huit heures à se propager jusqu'à Lille.

Certains puits artésiens fonctionnent d'une manière irrégulière. Ils présentent des anomalies dont quelques-unes s'expliquent facilement, mais dont les autres restent enveloppées de mystère.

Il n'est pas rare, par exemple, de voir plusieurs sondages accomplis dans les mêmes conditions, poussés jusqu'à la même profondeur et dans le même terrain, aboutir à des résultats tout différents. Dans un cas on obtiendra une source abondante ; dans l'autre, rien. À quoi cela tient-il ? Tout simplement à ce qu'on n'a pas atteint une nappe véritable, comprise entre deux couches voisines, mais seulement un filet d'eau retenu dans l'épaisseur d'une couche perméable, à un endroit où existent des fissures. De pareilles crevasses n'existant point dans le massif le plus proche de la même couche, on ne doit point s'étonner de n'y pas rencontrer d'eau. Il suffirait de pousser le forage plus loin pour que le liquide jaillît en toute certitude.

Dans certaines localités, on peut rapprocher impunément les puits forés sans amoindrir leur débit ; mais il en est d'autres où l'on ne perce un puits nouveau qu'au détriment des anciens, soit que leur niveau baisse, soit que leur produit diminue. Quelle est la raison de ces différences ?

Elle gît tout entière dans l'étendue de la nappe souterraine, comparée au diamètre des puits. Si cette nappe est très-vaste, la pression de l'eau ne variera pas sur les orifices inférieurs des différents puits, quel qu'en soit le nombre ; dans le cas contraire, la pression diminuera en chaque point, et chaque puits donnera moins d'eau, ou bien son niveau baissera, à mesure qu'on exécutera un nouveau forage.

Des oscillations fort bizarres ont été observées dans un puits artésien creusé à la Rochelle, près du bord de la mer, et dont la profondeur est de 190 mètres. La colonne liquide n'ayant pas jailli à la surface du sol, mais se maintenant 7 mètres plus bas, on tenta, en 1833, après une période de quatre années, de pousser le forage un peu plus avant, dans l'espérance d'arriver à un succès complet. C'est alors que se produisirent des variations considérables dans le niveau de l'eau.

Le 1er septembre, abaissement de 48 mètres ; le 2, nouvel abaissement de 3 mètres ; le 3, l'eau commence à remonter ; le 2 octobre, elle a repris son ancien niveau ; le 3, elle redescend ; le 4, elle a baissé de 10 mètres ; du 5 au 14, elle remonte de 3 mètres ; du 14 au 18, baisse énorme de 47 mètres ; du 19 octobre au 13 novembre, ascension de 38 mètres ; du 14 novembre au 16, abaissement de 5 mètres ; du 16 novembre au 15 décembre, ascension de 11 mètres.

On se perd en conjectures sur la cause de ces oscillations aussi subites qu'irrégulières.

Un phénomène qu'on n'a pas expliqué davantage, c'est celui qui a été observé près de Coulommiers, en 1827, à une époque d'extrême sécheresse. Bien que la plupart des sources fussent taries, le niveau de l'eau monta de 60 centimètres dans deux puits artésiens appartenant à une papeterie, et cette élévation se maintint durant plusieurs jours ; après quoi, la colonne liquide redescendit à son niveau normal.

Sans pousser plus loin l'examen des faits de ce genre, nous aborderons cette question, que se posent bien des personnes : Doit-on craindre de voir les puits artésiens tarir à la longue ?

À cela nous répondrons, avec Arago, que le puits de Lillers, en Artois, dont la construction remonte à plus de sept cents ans, a constamment fourni la même quantité d'eau depuis cette époque, et qu'il jaillit toujours à la même hauteur.

Un autre puits, situé dans le monastère de Saint-André et observé par Bélidor, il y a plus d'un siècle, n'a pas davantage présenté de variations dans le volume d'eau qu'il débite, ni dans la puissance de son jet.

Ces exemples doivent rassurer les personnes qui conçoivent des craintes au sujet de l'épuisement possible des fontaines artésiennes.

Ces craintes pourraient cependant devenir fondées, dans le cas où l'on creuserait un trop grand nombre de puits sur le même point ; mais, nous l'avons déjà dit, le résultat final dépendrait de l'étendue et de la masse de la nappe souterraine. Or ces éléments échappent complètement à notre appréciation. Nul ne peut donc dire à quel moment est atteinte la limite où l'on ne peut multiplier davantage les puits dans le même lieu ; on en est donc réduit, à cet égard, à des tâtonnements.

Il est un principe aujourd'hui bien constaté, et sur ce principe même reposent, on peut le dire, toutes les théories des géologues. Ce principe, c'est que la température s'élève à mesure que l'on descend à l'intérieur de notre globe. Il résulte d'expériences nombreuses et diverses faites dans les mines, que l'élévation de température serait, en moyenne, de 1 degré par 33 mètres d'abaissement à l'intérieur de la terre.

On comprend, d'après cela, que les eaux fournies par les puits artésiens, doivent avoir une température d'autant plus élevée qu'elles proviennent d'une plus grande profondeur dans le sol.

Il serait trop long de signaler la température des eaux des principaux puits artésiens. Nous nous bornerons à quelques chiffres particuliers aux puits de la ville de Paris.

Les observations faites à diverses profondeurs, dans le puits de Grenelle, ont fourni les résultats suivants :

À 248 mètres	20°
299 —	22,2
400 —	23,75
505 —	26,43
548 —	27,7

En partant des caves de l'Observatoire, dont la température constante est de 11°,7, on trouve que l'accroissement moyen jusqu'au fond du puits de Grenelle est de 1 degré pour 32^m,5.

Dans un puits foré à l'École militaire, la température de l'eau a été trouvée de 16°,4 à 173 mètres de profondeur.

À la gare de Saint-Ouen, la profondeur du puits étant de 66 mètres, le thermomètre marqua 12°,9.

Enfin, à Alfort, un puits profond de 54 mètres, a fourni de l'eau à 14°. Dans un puits ordinaire, le plus profond des environs, la température de l'eau n'était que de 11°,7.

Arago, dans sa *Notice sur les puits forés*, a démontré que la température de l'eau des puits artésiens se maintient toujours

Louis Figuier

constante. Il cite de nombreuses fontaines des départements du Nord et du Pas-de-Calais, qui n'ont pas varié d'un degré pendant des années entières. Des observations ultérieures sont venues confirmer ces premières données.

Outre leurs applications aux usages domestiques, à la salubrité publique et à l'irrigation des champs, les eaux artésiennes rendent d'utiles services à l'industrie.

Elles constituent, en premier lieu, une force motrice plus ou moins considérable, qu'on emploie, soit à faire tourner les meules d'un moulin, soit à mettre en mouvement les différentes machines d'une manufacture, par l'intermédiaire d'une roue hydraulique, soit à actionner une pompe qui doit élever de l'eau ou d'autres liquides à de grandes hauteurs. Elles ont même sur les eaux courantes un avantage considérable : celui de posséder, en tout temps, une température assez élevée, et par conséquent, de ne point arrêter les travaux par les froids les plus rigoureux. C'est pourquoi elles sont recherchées comme force motrice, même dans les contrées où les cours d'eau ne manquent pas.

Une application fort heureuse des eaux artésiennes venant des grandes profondeurs, est celle qui consiste à les faire circuler dans des tuyaux métalliques, et à les faire servir au chauffage des serres, des hôpitaux, des prisons, des grands ateliers, etc. Dans le Wurtemberg, M. Bruckmann a maintenu à + 8° la température de ses ateliers, au moyen d'un courant d'eau à + 12°, alors que la température extérieure descendait jusqu'à 18° au-dessous de zéro.

Les eaux artésiennes sont employées avec avantage dans les papeteries, à cause de leur limpidité constante. En effet, l'eau des rivières est toujours trouble après les grandes pluies, et l'on est contraint d'arrêter les travaux. Avec les puits forés, on n'a pas à redouter de chômages de cette nature.

Les qualités particulières des eaux artésiennes les ont fait également adopter dans nos départements du Nord, pour le rouissage des lins de choix destinés à la fabrication des batistes, des dentelles, etc.

CHAPITRE XIII

CHAPITRE XIV

LES PUITS INSTANTANÉS.

Nous terminerons cette Notice en signalant une invention qui a fait un certain bruit en 1868. Nous voulons parler des puits dits *instantanés*. Cette invention n'a, il est vrai, rien de commun avec les puits artésiens, car, pour le dire tout de suite, elle ne procure de l'eau qu'à la profondeur de 8 à 9 mètres, et le jet n'est pas jaillissant. C'est donc tout simplement une manière de percer un puits ordinaire rapidement, mais à une très-faible profondeur, et, comme nous allons le voir, seulement dans les terrains faciles à entamer et exempts de roches.

On voit que, vue de près, l'invention des puits instantanés se réduit à peu de chose. Cependant, comme elle a occupé l'attention publique en 1868, comme elle peut rendre, dans quelques cas particuliers, certains services, nous en dirons quelques mots.

Cette invention repose sur le principe du *baromètre à eau*, comme on l'appelle en physique. C'est ce que l'on va comprendre.

Un puits, en général, est un trou plus ou moins profond, alimenté par une nappe d'eau souterraine ou par des courants qui s'infiltrent dans le sol. Toute la surface de la couche aquifère, aussi profonde qu'on la suppose, est soumise à l'action de la pression atmosphérique, et l'on ne peut en douter, car si l'eau a pu s'introduire dans le sol par infiltration, à plus forte raison l'air doit-il y pénétrer. Si donc on enfonce en terre, jusqu'à la rencontre de cette couche ou de l'un de ses nombreux canaux, un tuyau d'un faible diamètre, et que, par le jeu d'une pompe aspirante, on purge complètement d'air l'intérieur de ce tube, il est évident que la pression atmosphérique s'exerçant sur le réservoir d'eau souterraine, soulèvera dans le tube vide d'air, une colonne d'eau, capable de lui faire équilibre, c'est-à-dire de 10 mètres environ. Si la nappe est jaillissante, la pompe deviendra inutile, et l'ascension du liquide se fera par le seul effet du principe de l'équilibre des fluides dans deux vases communiquants, et il ne sera pas nécessaire de faire agir la pompe pour amener l'eau au dehors.

On voit déjà que cette méthode n'est pas susceptible de s'appliquer à des couches d'eau dépassant la profondeur de 9 à 10 mètres, puisque l'eau ne peut être élevée, par l'action des pompes, au delà de 10 mètres. Nous verrons tout à l'heure que la même méthode n'est d'un emploi certain que dans les terrains exempts de roches dures et de toute matière difficile à perforer.

L'appareil pour le percement du sol, est simple, peu embarrassant, peu coûteux, et c'est ce qui fait le principal mérite de ce procédé. Il se compose, en premier lieu, d'une série de tuyaux de fer de 3 mètres de long à peu près, sur 4 à 5 centimètres de diamètre intérieur, et de 8 à 10 millimètres d'épaisseur. Ces tuyaux sont taraudés aux deux bouts, extérieurement et intérieurement, de manière à pouvoir se visser les uns aux autres, et à constituer un tube métallique continu. Celui qui est destiné à pénétrer le premier dans le sol, se termine par une pointe d'acier, solidement trempée et à arêtes vives. Près de la pointe d'acier et sur une largeur de 60 à 80 centimètres, sont percés une infinité de petits trous, qui servent à laisser entrer l'eau dans le tube.

Ce tube est placé au-dessous d'un gros cylindre en fer, du poids de 50 kilogrammes. qui s'élève et retombe sans cesse à l'aide de cordes glissant sur des poulies ; c'est ce qu'en termes techniques on appelle un *mouton*.

Le tube est muni à cet effet, à environ 50 centimètres du sol, d'un large collier de fer, solidement fixé par des boulons. Le mouton tombe et retombe à coups pressés sur ce collier, et enfonce ainsi le tube dans le sol, avec une grande force de pénétration. Quand le collier vient toucher le sol, on le dévisse, on le revisse sur un autre tuyau ; on ajoute ainsi autant de tuyaux qu'il en faut pour atteindre la couche aquifère.

De temps à autre, on fait descendre dans le tube une ficelle terminée par un lingot de plomb, afin de reconnaître si l'on a atteint la nappe d'eau. Lorsqu'on l'a rencontrée, on arrête le forage, on adapte à l'extrémité du tuyau une petite pompe aspirante, et au bout de quelques coups de piston, on voit sortir par l'extrémité du tube une eau abondante, qui, boueuse dans le premier moment, ne tarde pas à devenir d'une limpidité parfaite.

À partir de ce moment, on peut, dès qu'on le désire, se procurer de l'eau : il suffit, pour la faire arriver, de faire agir la pompe pendant quelques secondes.

CHAPITRE XIV

Certains de ces puits bien situés fournissent jusqu'à 2 000 et 3 000 litres d'eau par heure.

Nous représentons dans la figure 392 la manière d'établir un puits instantané.

Fig. 392. — Forage d'un puits instantané.

Comme nous venons de le dire, pour établir un de ces puits, on se sert d'un long tube en fer forgé, terminé en cône à sa partie inférieure, qui doit pénétrer dans le sol à la façon d'un pilotis. Cette partie conique est en outre percée d'un grand nombre de trous, par lesquels l'eau pénétrera dans l'intérieur du tube.

On enfonce ce tube par le moyen suivant : Une forte bride en fer, C, glisse le long du tuyau T et le serre fortement lorsqu'on la fixe à la hauteur voulue. Au-dessus de ce collier ou bride, on fait descendre une masse en fonte assez lourde, P, suspendue par des anneaux. On établit alors une chèvre au-dessus de l'endroit choisi pour y tenter le forage, et, soulevant l'espèce de mouton, P, à l'aide d'une poulie et de palans, on le laisse retomber de tout son poids sur le collier C. Ce collier, étant fixe, reçoit l'effort, et par suite fait enfoncer le tube à chaque battage. Quand le collier C est arrivé près de terre par suite de l'enfoncement du tube, on le remonte, on l'assujettit bien et on recommence de nouveau le battage. Le bout du tube opposé à la partie conique, est fileté de façon à permettre d'ajouter un autre tube au premier lorsqu'il est enfoncé, et d'arriver ainsi à la longueur utile, en ajoutant successivement des tubes qui se vissent sur ceux qui sont déjà dans le sol.

Une petite pompe disposée *ad hoc*, sert à s'assurer, de temps en temps, si la couche aquifère a été rencontrée. Dans les premiers moments la pompe aspire du gravier, de la boue, etc., etc. ; mais au bout d'une heure de repos, une excavation s'est faite à l'extrémité, c'est-à-dire autour du cône percé formant crépine, et bientôt l'eau arrive parfaitement claire.

L'eau ainsi puisée est très-fraîche, et le puits une fois bien établi pourrait fonctionner très-longtemps, si l'oxydation ne finissait par user les tubes.

La pose d'un puits instantané, dans l'hypothèse d'un terrain où l'on ne rencontre pas d'assises rocheuses à traverser, peut s'établir en deux heures.

Dans une expérience qui eut lieu, en 1868, sur la route de la Révolte, près du village Levallois, la nappe d'eau, située à une profondeur de 3 mètres environ, fut atteinte en une heure. Trois quarts d'heure après, elle donnait une eau potable.

L'utilité de ce curieux système, c'est de permettre, dans quelques circonstances, de se procurer de l'eau en peu de temps et à peu de frais. Dans tous les terrains d'alluvion, dans les sols argileux, argilo-siliceux, sableux, qui sont de beaucoup les plus répandus, on peut, en quelques heures, introduire des tubes en fer et créer des *puits instantanés*. Il est facile de les établir dans les plaines basses et sur un très-grand nombre de plateaux.

L'agriculture est appelée à retirer quelques services de cette méthode nouvelle. Elle ne serait pas moins utile aux armées en campagne, principalement dans les contrées arides et relativement désertes, comme certaines parties de l'Algérie. Aussi notre corps d'occupation a-t-il été pourvu de ces nouveaux appareils de sondage. Dans l'expédition d'Abyssinie, l'armée anglaise en avait emporté un certain nombre.

CHAPITRE XIV

On doit comprendre maintenant que ce faible et fragile appareil ne puisse trouver son emploi dans les terrains résistants, contre lesquels il faut faire usage des plus puissants outils de sondage. Ce n'est qu'à la condition de transformer presque complètement son outillage que ce système pourrait s'étendre à cette nature de terrains.

On avait d'abord attribué exclusivement l'invention des *puits instantanés* à un Anglais, M. Norton, qui a pris un brevet d'invention pour l'exploitation de ce système, en France, en Angleterre et en Amérique. Mais un membre de l'*Association scientifique de France*, M. Morel Rathsamhausen, lieutenant de vaisseau en retraite, à Bordeaux, a réclamé dans une lettre adressée au président de l'Association scientifique,[1] la priorité de cette idée. L'auteur appuyait son dire d'un brevet pris par lui à Bordeaux, en 1864.

L'exécution des puits par voie d'enfoncement ne constitue pas le système, dit M. Rathsamhausem ; ce n'est qu'un moyen expéditif de l'appliquer. Or, le procédé que M. Rathsamhausen faisait breveter le 15 avril 1864, ne diffère que par cette particularité de celui de M. Norton. L'ancien lieutenant de vaisseau en a fait l'application, depuis plusieurs années, à Bordeaux et aux environs de cette ville. Il ajoute que, dégoûté de l'œuvre par les nombreux désagréments qu'il a essuyés, il a laissé périmer son brevet, et qu'ainsi chacun a le droit d'appliquer cette méthode.

Une autre revendication s'est produite contre l'inventeur anglais. M. Donnet, ingénieur civil à Paris, a voulu établir que le système de M. Norton n'a rien de nouveau, car plusieurs puits ont été déjà creusés par ce même système, en Algérie et en France. Selon M. Donnet, en 1845, le maréchal de logis du génie Vuillemain aurait foré un puits par ce procédé, à Mers-el-Kébir, près d'Oran, en 1847.[2]

En définitive l'idée des puits instantanés a dû venir à plusieurs personnes en même temps ; seulement M. Norton l'a rendue pratique. Nous n'en dirons pas davantage de cette discussion de priorité. Nous avons voulu seulement faire connaître une méthode de forage des puits ordinaires qui peut devenir la source

---

1 *Bulletin de l'Association scientifique de France* du 12 juillet 1808.

2 Voir la *Science pour tous* du mois d'août 1868.

Louis Figuier

d'applications utiles pour la petite propriété.

CHAPITRE XV

CONCLUSION. — LA SOCIÉTÉ DU TROU.

Nous avons passé en revue, dans cette Notice, les principes scientifiques sur lesquels reposent les puits artésiens, et nous avons décrit les procédés pratiques qui servent à effectuer les forages à de grandes profondeurs. L'avenir du travail industriel et social est intéressé plus qu'on ne le croit, à la question que nous venons de traiter. C'est ce que nous allons essayer d'établir.

L'eau du puits de Grenelle nous arrive, avec la température de 27° ; celle du puits de Passy avec la température de 24°. Mais nous savons que la chaleur s'élève à l'intérieur du globe, de 1° par chaque 33 mètres de profondeur. Dès lors, si l'on exécutait un forage plus de quatre ou cinq fois plus profond que celui de Grenelle, un puits ayant 2 500 mètres au lieu de 548 mètres, qui est la profondeur exacte de celui de Grenelle, l'eau nous arriverait avec la température de 100°.

Comprend-on bien de quelle importance il serait pour l'industrie, pour l'économie domestique, pour la société même, d'avoir, sans frais, de l'eau à 100°, de l'eau bouillante qui ne coûterait rien ? Ce serait une véritable révolution industrielle. La question du chauffage domestique, question capitale et si mal résolue encore, comme nous l'avons vu dans la Notice sur le chauffage, serait immédiatement tranchée par l'application du système de circulation d'eau chaude. Avec cette eau chaude qui ne coûterait rien, le chauffage des ateliers, celui des bains publics, etc., seraient également réalisés sans aucuns frais.

Déjà un industriel du Wurtemberg, M. Bruckmann, utilisant l'eau à 12 degrés que lui fournit un puits artésien de peu d'importance, sait maintenir à 8 degrés pendant tout l'hiver, la chaleur de ses ateliers, même alors qu'au dehors il fait un froid de — 18 degrés.

La question du chauffage domestique ne serait pas la seule dont les puits artésiens à grande profondeur fourniraient une solution économique aussi brillante. L'eau bouillante fournie à bas prix, ce serait de la vapeur à bas prix, par conséquent des machines à vapeur marchant presque sans dépense. Or, une machine à vapeur marchant sans dépense, ce serait une révolution dans toute l'industrie moderne ; ce serait presque le mouvement perpétuel, tant cherché par la tourbe des rêveurs de la mécanique.

On voit donc de quelle importance il serait d'entreprendre des forages à des profondeurs inusitées, de pousser les sondes artésiennes jusqu'à deux mille mètres au-dessous du sol, pour en faire jaillir des torrents d'eau bouillante.

Quelques hommes d'imagination ont essayé de transformer en réalité ce rêve des puits artésiens faisant jaillir des fleuves bouillants, mais leurs efforts se sont arrêtés devant l'apathie, l'indifférence universelle, qui est le signe caractéristique de la société de nos jours. Le spirituel Jobard avait voulu créer une société financière ayant pour but de creuser la terre jusqu'à 1 000 mètres de profondeur. Chaque membre de la société se serait engagé à fournir les fonds pour le forage d'un mètre de ce gigantesque puits. La société se serait appelée la *Société du trou !*

Hélas ! la Société n'est pas sortie de son trou !

ISBN : 978-1533576972

Louis Figuier